何晓道 著

江南明清建筑木雕

上

中華書局

目录

Contents

◎江南风景

序

陈志华

晓道写完了一本书的初稿，书的名字是《江南明清建筑木雕》。我住在他那个开满了桂花和芙蓉花的小院里，一边看稿子，一边擦我湿了的眼角。正如诗人艾青那一句诗说的："为什么我的眼里常含泪水，因为我对这土地爱的深沉。"我生长在江南，我熟悉江南土地上的人和物，而这本书稿正是写江南风物人文的。在我读小学四年级的时候，日本侵略军在上海登陆，我所在的小城就一次又一次遭到了飞机的狂轰乱炸，甚至还撒细菌。学校不得不搬迁到农村里躲避，这给了我机会去熟悉村子和农人，从此我一辈子都把江南农村当做故乡。

抗日战争那几年，我们住在山区小村的祠堂或庙宇里，正是木雕最丰富的场所。我个子比较高，老师把我安排在上铺，晚上钻被窝，衣服就搭在梁上，盖住那些精美的雕刻，怕的是第二天早晨起床号响，一个鲤鱼打挺起来，磕破了头倒不在乎，万一伤了眼睛可不得了。日子长了，总会知道一些雕刻里的故事，熟悉几个形象，"童子功"嘛，这些是一辈子忘不了的。

"苏武牧羊"、"岳母刺字"和"杨家将"之类，我现在信手写下了这几个题材，因为在当时，这些是我们最爱听又终生不忘的。当然，还会有"游园惊梦"、"楼台会"和"拾玉镯"之类，但在战火下的少年们不爱听那些，听过便也忘了，现在写上几句，是从晓道稿子上抄下来的，为了显得写文章认真。

我为什么要写这些，因为我要取得发言权。第一，我在江南出生、长大，我在那些木雕的老家里熟悉了它们；第二，长期生活在农村，能理解晓道，知道他为写这本书付出了多少心力和感情。我用这两点来弥补其实我是木雕艺术的外行。

晓道能写出这部书来，不是因为他上了美术学院，写过学位论文，或者得了名师的指点。不，没有。二十年前，晓道刚刚从少年升班为青年，"拯救全世界劳动者"的历史使命已经只剩下笑柄，他得找饭吃。他瘦小力亏，生在农村、长在农村，没有正经读过几年书，日子怎么过？于是，他忍饥

◎月梁 三狮图

挨饿，独自串村去收购木雕，又独自闯到了上海城隍庙去摆地摊。收购、摆摊，每个环节都有人来欺侮，除了忍气吞声、咬舌头尖子吃亏，在那个年代他还能有什么办法。就这样，他尽心学习、钻研，终于精通了这行业，也大大提高了自己的文化修养。恰巧到了上世纪九十年代末，雕饰精致的古老建筑构件和木器的身价大涨，他的存货给他赚了些钱，没有挥霍，没有张扬。2002年，他拿出藏品在宁海县城和政府合作建了一个三千多平方米展厅的“十里红妆博物馆”，向公众免费开放。“十里红妆”就是富饶的江南地区出嫁女儿时候由嫁妆编队形成的长长的游行队伍。这嫁妆品类之繁，制作之精，可真夺人耳目。大致和博物馆成立同时，他写了一本叫《红妆》的书也正式出版了。然后，他又出版了《江南明清门窗格子》专著，系统地论述明式和清式建筑门窗格子的制作工艺、时代特征、地域风格，以及年代考证。不久，一本专门分析研究《江南明清民间椅子》的书也出版了。2008年他精心著作的《十里红妆女儿梦》由中华书局出版，是通过嫁妆讲江南传统女性生活的散文式的书，由《十里红妆女儿梦》改编的同名大型舞剧现在正在欧洲各地演出。

晓道，一个“文化大革命”期间的小学生，后来初中毕业，要怎么刻苦学习才能达到成功，那简直是个谜。他甚至学会了写散文、写诗，想象力丰富，文采斑斓，经常在报刊上发表。他也写了建筑雕刻木作的学术论著，就是《江南明清建筑木雕》和《江南明清门窗格子》这二本书。晓道的《江南明清建筑木雕》是对江南地区明清时代建筑的木结构装饰、木雕的认真研究，八百多件精选的实物资料是他二十多年来不断筛选的不同时代、不同地方和建筑中不同物件的木雕精品。书中的概论以及八百多件木雕的点评是他八年多时间认真打磨的结果。就算有天分罢，那钻研的努力也是不待考查就能知道的。二十几天以前，我在他移建的古民居改成的书房外阔大的檐廊下对他的写作说了短短的一句什么，他转身就进书房，抱出一大摞稿纸来，双手端着，从胯间一直顶到了下巴颏。这就是他写作这本书的过程中改了又改，改了又改，积存下来的稿子，废了，可是没有丢掉。晓道，我真感动。

他如今正忙碌着张罗在当地政府的支持下建造一所比现有的大好几倍的“十里红妆博物馆”。我去看了地址和设计图，规模很大，在一座风景极好的山坡上。宁海人有福了，江南人有福了，也许，全中国的人都有福了！有福欣赏到他收藏的数万件乡土美术品。

但是，晓道还有一个梦想，想要建一个江南地区明清时代乡土建筑木雕和门窗格子的专题博物馆。

我知道，一定有文物工作者或者爱好者会怀疑这样的博物馆的合理性，因为最理想的状态是让这些建筑雕饰留在原处、原建筑物上。

我曾经有过这样的主张，但是，我二十多年来的“上山下乡”，亲眼见到，它们早就无家可归、无枝可依了，它们寄身的旧居早已片瓦不存，否则，它们也不可能被晓道买来。买来它们，实际上是抢救了它们。造公共博物馆，就是收容大批已经流浪着的木雕艺术品，免于散失或者被人深藏不露。难道还有更好的办法吗？它们的故乡，已经“现代化”了。

◎窗芯 仙鹤图

我大概二十年前开始上山下乡着手乡土建筑研究，这工作是经常要跟木雕打交道的，但一件件的事实叫我伤心。我曾经到浙江东阳一个以建筑木雕名世的村子去，那里有一座远近皆知的大宅，它精雕细刻的门窗、牛腿、梁架，实在叫我吃惊，大开了眼界。但是，有一家却把门窗都换成了新式玻璃窗。我赶紧问一位在屋檐下烧菜的中年汉子，拆下来的老窗扇弄到哪里去了？他用趿拉着拖鞋的脚丫踢一下廊前冒着火的红泥缸灶，说：“烧掉了，当柴！”接着又补充了一句：“不好烧！”我问，还有剩下来的吗？他向着楼梯底下抬了抬腿，说：“你到那里去翻翻看！”我钻到楼梯底下，使劲翻了几遍废物和垃圾，一无所获。那位汉子冷冷地问了一句：“你找这些干什么，一钱不值的。”撅了一下下巴，说：“村里多得很，你去问问看！”最后给我的是一声冷笑，大概笑城里人眼眶子浅、大惊小怪罢!

也就是差不多的年份，我到浙江省兰溪市的诸葛村工作。有一次，溜达到了村西的旧木料市场看看，柱子、板片、梁枋和整段的楼梯，堆积如山。那时一场大雨刚刚过去了两三天，地上坑坑洼洼，布满了泥水坑，我小心翼翼，一蹦一跳地踩着水塘里的什么疙瘩下脚。蹦跳了几下，觉得疙瘩很硬而且不滑，弯下身子，用手指头抠抠，仔细看看，原来是精雕细刻的牛腿、驼峰、角背、瓜柱、雀替等等，也偶然再垫上一块门窗隔扇上的腰板、蹚板之类。我心跳得像开机关枪一样，问老板：“怎么用这样的宝贝垫脚？”老板连眼皮都不眨，说：“这些东西没有用，卖不出去的，下雨天垫垫水坑倒蛮好，大小合适，又不滑！卖得好的是柱子和横梁。”后来我到江西的婺源，也见到了同样的画面。

就在婺源和黟县，我们还见到，农民们就利用十分精致的格子窗充当农具架。下地回来，一进门，就把锄头、镰刀、斗笠、蓑衣等等挂到格子芯上。这倒确实很方便，不过，那些精致之极的格子就成了破烂。我劝老农爱惜它们，老农总是笑笑回答：“这东西，没有用的。”

我看到这些情况，起先是怨农民们文化低，不懂艺术。但另一件事又给了我一场刺激。我们到黟县工作的时候，一天，在长途汽车站候车，跟一位在东北某美术学院工作的教授闲聊，他说，他刚刚从祁门回来，那里的建筑装饰木雕是徽派木雕中的最精品，他到祁门去，就是专门为了买木雕，而且已经干了多年了。我问他怎么买？他笑笑，回答：“太方便了”，看上了，就把整栋房子买下，雇人把房子拆散，拣出木雕，装上箱子，托运到学校去，别的就不要了，任人捡走。他在祁门只管找对象，付钱，其余的事都有老熟人替他去办。“很方便的”，他说。

有只要结构大件的，也有只要雕刻饰品的，“人遗之，人得之”，乡土建筑还能存在几年？我当然很希望有人想个办法来管一管。于是，就给在文物机关干点儿事的朋友打了个电话，没有想到，他的回答竟然是一声长叹。他说：民间建筑木雕、家具、日用品，根本就没有被专家们放到眼里、从中整理并提取一类文物出来，所以管不着。文物，也是只有乾隆六十一年以前才禁止出口，以后的，还鼓励出口，好赚外汇。他并不是个闲事不管的人，我想让他多知道些情况，告诉他，到咱中国来搜购这些不算文物的文化遗产精品的外国人，就都住在某市、某港口上的某饭店里，那儿是个中心。台湾人嘛。那就是“多中心”了，福建省、浙江省沿海就有几处他们的桥头堡，台湾市场上不但有现货，还可以买期货，买主提出要求来，就有人到大陆来搜求，或者有代理商办理，保证按期交得上货。但他表示无法制止出口。在那个年月里，外汇要紧，这就是政策。

如此这般，有谁能责备晓道？那时候他是个无法摆脱贫困的瘦弱青年，他要谋生，凡不犯法的事都可以做得。在做的过程中，他刻苦学习，提高了审美水平和历史文化修养，进一步，他把经手的价值比较高的民间木雕艺术品一一留下，积存起来，没有散到市场上，他成了江南木雕艺术品重要的收藏家，而且是大家。他抓紧空隙时间从事木雕艺术品和家具研究，达到了不错的水平。已经写了并且正式出版了五本著作，读者反映都很好，早已销售一空，正待再版。近几年又沉下心来做更系统、更深入的研究，写了这本《江南明清建筑木雕》。我们国家没有世袭大贵族，近百余年来的著名艺术品收藏家，不是都走过相同的道路吗：购买、出让、再购买、再出让、又再购买，半辈子下来，文化艺术水平提高了，成了专家，对国家的艺术品收藏做出了大贡献，名列大师之林。晓道的收藏对象是民间艺术品和乡土工艺品，扎扎实实补上了我们国家千百年来收藏和著述的一个不该有的大空白。无论哪位朋友读了他的著作，参观了政府扶持他创办的博物馆，都会大开眼界，大有得益，都会赞赏他的贡献。

“人总是按照美的规律进行创造的”，民间艺术品，还有更加丰富得多的民间日用品和劳动者生产工具，也都是很美很巧的。话说开去，即使那些并不以美观见长的工具、农具、车具、床具、餐具、

◎ 窗腰板局部 福字

◎牛腿 狮子

儿童玩具、生活用具，一切人们创造的器具，都早应该被系统化地收集、保护和研究了，早就应该有干这番大事业的大动作了。全国性的和地方性的文物主管部门的眼界不要局限在千百年来“帝王式、贵族式、文士式”传统的那个极其狭窄的范围里了，我们曾经高唱过劳动人民的赞歌，但对他们的创造和生活毫不关心，没有兴趣和尊重的感情。反映和展示各地方特色的“民俗博物馆”或者“乡土文化博物馆”的普遍建立和大规模发展早就应该是一个全国性的大事业，它们的内容应该覆盖文化史直至生活史的全部。这件事，迟一天就会有一天的损失，而且无法挽回，对不起祖宗也对不起子孙。其实，培养和发动一批“志愿者”去干，是可以大有成绩的。当然，前提是要有个认真负责的组织者。

我就告诉读者朋友们，晓道已经应我的请求，着手收集我梦寐以求的过去“贫下中农”（底层劳动者）生活和生产劳动的各种农具、工具和衣、食、住、行等生活中的一切用具了。读者朋友们，你们知道扁担有多少种吗？知道有些扁担有多么精致美观吗？还有取暖器、便器、压被角的铁娃娃，等等等等，有千种万种啊！都是很美、很精巧的。可不要让它们消失啊！你们也动手吧，赶快！

最后，我要向本书的读者说一件不可不说的事。今年夏初，一个晚上，晓道来了电话，告诉我，哪个县、哪个村的几幢已经有了文物身份的大小宗祠由于种种原因已经破败不堪了，快要倒塌了。说着说着他竟哭了起来。他断断续续地说：“我买卖建筑木雕，从来都只收购那些城乡大拆大改时候卸下来的部件，绝不去拆完好的房子。我爱它们呀！”我无法安慰他，我的泪水也湿了话筒了。我建议他，把那些遭到厄运的房子都拍下照片来。他拍了，有几百张惨不忍睹的野蛮场景。这本书里用的破房子照片就是那次通话后拍的！他把它们收了几幅在这本书里。好的，应该这样！但是，他还是没有写下最教我难受的话。那些话，我也不便写！

2011年11月17日

前 言

一块数百年前的木料，来自于巍巍大树，经过砍伐、锯开和雕琢，浸透了古代工匠的汗水，成就了古代建筑和家居生活中美化的功能，承载着古人虔诚的祈求和衷心的祝福，这就是吾乡吾土木结构建筑中的木雕。

一件木雕刻作品，或已伤残，或已表面风化，更有甚者说，“雕虫小技”。我们无须争议，只要有赏心悦目的视觉效果，还有远古先人吉祥如意的美好祝愿，也便值得世人关注。同时，我们坚信艺术来自民间，民间艺术是一切艺术之源。

◎门腰板局部 蛮人图

一个文化老人对我说："取其精华，去其糟粕"是错误的论断，因为随着时间变化，人的思想总是不断在新的认识中发展，也会因为不同的人会有不同的精华和糟粕观，更甚会有人利用"精华糟粕"来毁灭不利于他的历史事实，这一点通过对历史的认识大家都深有感受。

我们在木雕研究过程中对于木雕的理解，也会有变化，早年注重深雕、精雕，后来喜爱富有文人意境的浅刻，后来又关注富有童心的稚拙作品，而现在更关心时代特征。江南明清木雕作品的学术研究尚不成熟的情况下，对许多问题无法也无须下肯定的结论，在论述时也只能是就作者了解的制作时代、工艺技术、审美理念、题材和寓意作系统叙述。

仁者见仁，智者见智。

在收藏的实物资料选择中发现，明清数百年间的江南木雕相当丰富，丰富的实物可以反复比对，从保存完好的有确切纪年的建筑中的木雕和脱离建筑母体的零散木雕进行比较，从创作风格上寻找同一地域和同一师承的变化脉络，从材质和古旧成色中了解岁月留下的演变过程，从中知道基本的木雕创作时代。

木雕来自于江南广泛的地区，明清五百年时空中的遗存，也是不同工匠、不同风格和不同审美理念的变化更迭过程。即便是同一题材也会有不一样的故事情节，也会有不一样的人物造型，不一样的工艺表现方式，在不断比较中了解系统的信息，追寻演变的基本规律。

人类文明是在不断创造和不断积累中传承的，同时也在不断地流失和消亡。感谢神灵的力量，让我们有机会为世上美的历史遗存江南明清建筑木雕作系统整理，为这门民间艺术传承接力。

本书论述江南明清木雕，一是强调数百年的时间脉络和地域特征，二是精心选择技艺精湛的存世作品。希望本书能成为了解明清时代江南建筑木雕艺术的经典资料，成为挖掘和体验民间美术的优秀图书。

第一章

江南明清建筑木雕概论

明代以前的雕刻
建筑木雕的归类
建筑木雕的技艺
建筑木雕的时代风格
江南建筑木雕的地域特征
建筑木雕的动植物题材
建筑木雕的人物题材
江南明清建筑木雕的审美

一、明代以前的雕刻

由于木材脆弱的性能，木雕作品很难在正常条件下保存久远，但我们依然能从一些有限的出土文物中了解到明代以前的木雕情况。

从浙江省余姚河姆渡遗址中看到，江南地区的先民们是以巢居为主要的居住方式。河姆渡文化遗址中干栏式建筑证明了七千年前人们是以木材作为建筑的主要材料，榫卯结构亦已成熟，已经有了木结构建筑的基本特征。同时在河姆渡遗址中，我们欣慰地看到生动的木雕鱼，这是至今为止，在江南地区发现的早期的木雕作品。在河姆渡文化中，还发现了精致的浅刻象牙雕“丹凤朝阳”图，这也是目前发现的年代较早的雕刻作品。

从良渚文化出土的三千多年前的玉琮、玉璜等玉雕文物中看到，浅浮雕技艺相当精致和细腻。这些阳起浮雕线条组成的神秘图案需要放大镜放大才能看清，运用阳起雕法虽然十分艰难，但这种雕刻技法在数千年前已经相当成熟了，令今天的人们都惊奇当时雕刻技艺的高超水平。

◎宋代石刻 海兽图

在良渚文化中虽然我们还没有发现木雕作品，但可以想像，同样在江南，河姆渡人的后代断不会放弃用木雕形式装饰居住的木结构房屋，断不会放弃用木雕工艺来美化他们的生活空间。

从河南安阳商代遗址出土的骨器、角器和青铜器中可以看到，当时雕刻已经非常精美，特别是青铜器中精致的纹饰，青铜浇铸是先雕刻在蜡上做沙模的失蜡浇铸法工艺。从这些作品的雕刻风格中可以发现已经有了明显的东方雕刻艺术的基本特征。

周代出现了专门论述工艺的著作《考工记》，在这部最早关于工艺的著作里已经提出了“天有时，地有气，材有美，工有巧，合此四者，然后为良”的工艺观点。周代已经出现了专职从事木工的工种，有造车轮和造车盖的“轮人”，有造宫室城郭的“匠人”，有造钟磬架子的“梓人”。从丰富的木雕俑和木胎漆器中了解到，春秋战国时期的雕刻技术，人物已经很生动，具有很强的写实能力，木雕上的彩绘装饰华丽，有鲜明的时代风格。战国时期已有“丹楹刻俑”之说。

秦汉时期是建筑和雕塑艺术的辉煌时期。秦始皇兵马俑，是这一时期雕塑艺术的杰出代表，这些陶塑作品造型准确，比例和透视准确，神情各异，十分生动，有一定的写实和概括能力。汉代瓦当的雕刻非常精致，瓦当是先雕刻在木模上再压印在泥坯上进行烧制的作品。这些汉代瓦当浅雕图案中的神禽和瑞兽线条优美，形象夸张；可以推断汉代木结构建筑中肯定有木雕装饰构件。同时，汉代遗存的画像石中的浮雕作品，反映了农耕、狩猎和普通人的生活情景，这些画像石中的浮雕和明清时期门窗中的浮雕很接近，具有一定的比例关系和透视效果。

家具方面，从汉墓壁画中看，席是西汉时期主要的坐具，不管是宴饮的士大夫阶层、讲学的尊者，还是市井小民和献乐的乐工，都是在地上铺一块席子，席地而坐。席地而坐决定了家具的高度，也决定了家具的雕刻装饰。从遗存的壁画中看到，案桌的脚有内翻的雕刻造型，神台也有雕刻的结构。通过家具的木雕装饰，可以想象当时木结构建筑的木雕装饰，因为建筑装饰和家具制作从来便是同工而作，体现一致的生活追求。

从甘肃武威磨嘴子地区汉墓中出土的一些木俑和其他木雕作品中发现，这些用于亡灵的墓葬雕刻，表现了丰富的生活和生产劳动的题材，其雕刻风格直接影响了汉代以后的浮雕技艺。但目前考古发现的秦汉木雕依然还是随葬品中的木雕俑为主，虽然这些上了色彩的俑人以单面立体雕刻，结构和立体感相当简单，但刀法不失简练，人物造型技艺充分概括。

唐代佛教的兴盛，为这一时期的造像业提供了前所未有的发展机会。盛唐时遗存的为数不多的木雕造像是现在能欣赏到的最完整的木雕实物。这些造像体态丰润、饱满，姿态优雅，造型准确，从中可感受到先秦雕塑遗风，亦可见唐代木雕艺术风格和唐代其他艺术一样都有着鲜明的大唐风格，并且，对以后数百年历史中的木雕技艺产生了影响。

值得一提的是唐代昭陵六骏的石刻浮雕作品，战马膘肥，四肢强健有力，作品高度写实，刀法简练，线条流畅，形象栩栩如生；反映了这一时期浮雕水平已达到了前所未有的艺术成就，确定了唐以后直至明清时代的浮雕风格。

从大量遗存的石窟石刻中可见，唐宋时期石刻题材不仅仅是程式化的佛教故事，现实生活中的故事更加活泼。重庆大足县的大足石窟石刻中儒、释、道三教合一的题材相当丰富，普通民众的形象也有所反映。这些雕塑热情奔放，活泼多姿，为明清建筑上的木雕风格提供了历史源头。在现有的中国雕塑历史研究成果中，我们惊奇地发现明清雕塑历史的欠缺。无疑，木结构建筑上的牛腿、雀替和大梁的木雕，承传了东方雕塑的风格。

遗憾的是江南地区尚未发现宋代以前木结构门窗雕刻和梁架木雕的实例。但是

◎ 大梁和角花

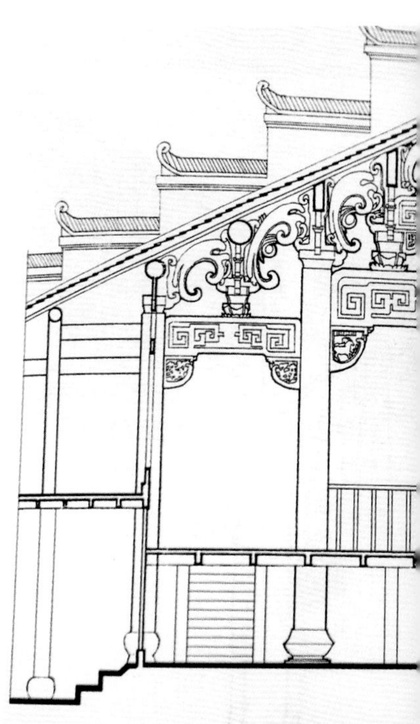

从北方地区存世的唐代建筑中可以领略到这一时期木结构建筑中木雕的恢弘。山西佛光寺建筑结构和装饰木雕有机地融为一体，木雕装饰采用天然色料，绚丽华美。应县宋代木塔中的梁架构件既考虑功能需要，又强调由线条构图形成巧妙的木雕装饰。同时，在宋代李诫的详细描述宋代木结构建筑的制度、式样和装饰的著作《营造法式》中，已经有了 “宝相花”、“牡丹花”、“莲花”、“石榴花”等花卉图案，也广泛应用“金铤”、“连环”等织锦纹图案。从《营造法式》中看到，这一时期门窗雕刻已经有了“剔地起突卷叶”、“透突平卷叶”、“剔地平卷叶”等几种木雕花卉图案的表现手法。

从这部建筑营造著作中看到，宋代建筑雕刻的题材选用凤凰、仙鹤、孔雀，也有麒麟、狻猊、獬豸等动物，都是雌雄呼应，和谐美好。《营造法式》还收入了一些“木雕制作图样”，除动物、花卉外已经有了人物形象。如骑凤凰、骑羊的“真人”，骑鹤的“金童”，骑孔雀的“玉女”，这些人物大多是神仙乘坐飞禽走兽，神情优雅而超脱。值得一提的是，《营造法式》还记录了卷头发玩杂技的非汉民族的洋蛮人，或弄刀舞枪，似在表演；或骑白象牵狮子，和谐自然；或手持异域珍奇，展示四方来朝、八蛮进宝的辉煌盛世。这些题材中的人物和动物处在一个板面上，充满了人与自然的和谐，也让人感受到民族团结的气氛。

◎梁架和梁架木雕

◎《宋《天工开物》插页 雕刻图

《营造法式》记载，宋代建筑雕刻采用“大绿”、“大青”、“粉红”和“赤黄”等色料，可以看出宋代建筑雕刻色彩绚丽，反映了这一时期人们对色彩的追求，可见这是一个崇尚华美的时代。

宋代建筑木雕的构图已经十分成熟。在江南地区出土的宋代青瓷中也可以看到瓷塑中有类似于建筑木雕的实例，如人字纹线条和万字纹图案，虽然是瓷匠在瓷器中的创作，但真实地反映了当时瓷匠所采用的建筑装饰，只不过当时普通人家的建筑装饰比较简单而已。

元代是手工业比较发达的时代，花卉题材依然是这一时期门窗的主要装饰题材，缠枝卷叶，线条简约，并且色彩绚华。这些和明式木雕的形式是基本一致的。

家具木雕和建筑木雕同工同匠，家具是建筑的内脏，也是建筑空间的延伸，从家具木雕可以互证建筑木雕的演变脉络。从存世有限的宋元绘画资料中可见，家具已是高坐具时代，宋元家具的装饰主要是以雕刻线条装饰为主，但卷草枝蔓图案十分丰富。动植物图案也相当精致，有着明显的宋元家具特征。但是到目前为止，对于明代以前的建筑木雕风格和宋元时期家具装饰的了解，还十分有限，无法进行深入的讨论，只能从绘画中了解大概的脉络。对于一些存世的有着完全不同于明式建筑和明式家具，更不同于清式的宋元特征的家具和建筑木雕作品，也因为欠缺考证依据而无力证明其确切的制作年代，但相信会有更多的证据发现，使时代脉络逐渐清晰。

木雕在人类生活中有悠久的历史，但因其材质不易久远保存，对明代早期和明代以前的木雕作品的了解非常有限，只能在一些相关的实物资料中作一些初步的研究。明清木结构建筑中遗存雕梁、牛腿、角花和门窗木雕是目前能够欣赏到的最丰富的实物资料。

◎ **窗顶板 卷草龙**

◎窗腰板 虫草图

二、建筑木雕的归类

明清木结构建筑，以科学的榫卯结构，悠久而独特的建筑风格成为东方建筑的杰出代表。而建筑上的木雕装饰是完善建筑结构和美化生活环境的重要手段。

封建王朝为了统治国家的需要，建立了完整的封建社会体系，其中重要的一项便是等级制度，把人分成几种不同的等级，不可越雷池半步，否则便属于违法。体现等级的具体表现之一便是建筑制度，帝王可以在同一幢建筑上开间九间，贵族可以开间五间，人称九五之尊。没有功名但有财富的大户人家无法在建筑形制和体量上超越自己的政治地位，只有在建筑装饰上满足奢华的要求。普通百姓因没有经济基础无法建造体面的院宅，但即便有财有势也无法超越法定的建筑规模上的等级制度。因此，世代经营田地或其他商业获得财富后，要在生活空间上体现富有，只能选择雕梁画栋，不惜工本强化和美化居室。尽管在雕饰的题材上禁止雕刻皇家专用的龙凤图案，在色彩上禁止使用正黄颜色，但山水人物、历史故事、小说戏剧题材等可以广泛应用。匠师在木雕工艺上传承千百年来技法的积累，主人则极尽财力、物力营造生活空间。在这样的社会风气中，直接影响和导致了整个社会在建筑装饰上竞相模仿，从而使木结构建筑日益华美，使建筑木雕日益成熟。

由于江南地区良好的经济文化底蕴，使这一地区的建筑装饰达到了前所未有的精致程度。一幢优秀的木结构建筑上所付出的工时，似乎一半以上花在雕刻上，大梁、斗拱、牛腿，尤其是门窗腰板的雕刻，更是极尽技艺，人物、山水、花鸟、鱼虫、亭台楼阁无所不精。门窗木雕精细的浮雕和建筑大梁、斗拱、牛腿粗犷的立体雕刻形成鲜明的对比，有意使整幢木结构建筑出现装饰形式上的风格反差，造成视觉上的差异之美。大梁、斗拱、牛腿宜远观，而门窗木雕宜近观。同时室内家具器物是延伸建筑空间的装饰，满屋是木雕艺术品，把人们居住的生活空间变成木雕艺术的殿堂。

虽然在家具形式和木雕上没有严格的等级制度，但从清代开始，建筑木雕装饰的风格改变也

◎窗腰板局部 人物

◎窗腰板 人物

直接影响家具木雕的风格，家具的制作从结构和功能上的合理性追求转向了装饰上的华美风格。

江南明清建筑的装饰主要分二种：一是大梁、牛腿和角花的雕刻，以圆雕和半圆雕为主。二是门窗木雕，在建筑的门窗中的格子、腰板、顶板和裙板上，以浮雕和透雕的表现手法为主。建筑木雕的分类是本章要讨论的内容。

1、门窗木雕

木结构建筑的门是人们在生活中使用建筑的通道，既是人们的进出口，又是通风、采光、保护居住安全的建筑设施。窗则更多承担通风、采光等利用大自然的功能。

门窗由小木作制作，在满足建筑功能的前提下，充分考虑美化建筑，运用门窗格子和门窗木雕，成为建筑的重要装饰。

由于其在建筑门窗中的功能不同，门窗格子需有通风、采光的基本要求。而门窗木雕虽然有挡风功能的需要，但更多的意义是为了装饰。门窗格子是由木条用榫卯结构组成的线条形成美的图案；门窗木雕则完全由雕刀硬碰硬地在木板上完成的雕刻画意的创作。门窗格子注重线条的节奏以及由线条组合成图案的意象效果；门窗木雕更注重运用雕刀在木板上剥去多余的木料留下图案的具象表现。门窗格子是由小木作完成的作品；而门窗木雕是由雕匠制作完成的，其中不乏大师级的作品。其技艺表现手法以及装饰的艺术风格是两种不同的结果。

江南明清门窗格子和江南明清门窗木雕，在同一地域、同一时代，同样是木结构建筑门窗中的装饰，甚至有的门窗木雕是镶嵌在门窗格子中间的，因此有一致的匠意，一致的审美意趣和思想理念。

木结构建筑中的门主要是堂门、屏门、房门等。窗的种类，有摇杆窗、推窗、暖窗和窗中窗等形式。

这些门和窗是木结构建筑中最基本的功能设施，但在整个建筑中也有着如同眼睛般重要的装饰效果，主要由格子和雕刻两部分组成，安装在建筑前面的檐柱之间，是建筑堂房功能的需要。门和窗一般利用门支窗臼可以开启关闭，但也有固定的门或窗的样式，是室内装修和装饰的屏风或隔壁。

从整个建筑的视觉上看，门窗木雕在建筑的装饰上有绝对的重要地位，是木结构建筑美化细节的重要手段。因此已经超越了门窗的使用功能，倾注了工匠竞技斗艺的全部心血，使能工巧匠的技艺在一件木雕作品中得以展现。

数百年来，木结构建筑的门窗基本保持了一致的结构，由门窗格子、门窗腰板、门窗裙板以及顶板和上下左右抹头组成。门窗木雕主要装饰在格子的嵌结、腰板、顶板以及裙板和束脚上。这种门窗的结构和形式在明清两朝数百年的木结构建筑中，始终没有大的变化。

以一件堂门为例：一般分为五抹头。五抹头是指五根横挡，上抹头中间称顶板，也叫天窗板，一般施以透雕，或称镂雕。格子中间镶嵌的称格芯或嵌结，也以透雕为主，雕刻人物、花鸟等题材。更有大小结子满格镶嵌，山水人物、花鸟、鱼虫无不采用，如满天星星般点饰在门窗格子中间。门窗格子下是门窗腰板，腰板是因为处于门中间如同人的腰部而得名。腰板是门窗木雕中最主要的装饰，以近观为主。明式门窗腰板以花卉、鸟兽鱼虫为主要题材，施以天然色彩；清式门窗腰板以浅雕为主，题材更广泛，山水、人物、花鸟、静物等无所不有。腰板下面称裙板，裙板上的雕刻大多在起线的框板内雕刻大写意的花鸟或静物，以远观为主，因此相对较粗。最低的一段下抹头上面的横板称束脚，顾名思义，已是门的脚了。

◎窗格芯　人物

从一件堂门的称谓来看，“腰板”、“裙板”、“束脚”，人们已经把建筑门窗人性化了。人们总是以人为本造物。值得一提的是，门窗木雕腰板中的薄意浅雕，用极薄的阳起达到合理的透视效果，用极精细、精致的雕刻表现亭台楼阁中的门窗、栏杆、砖瓦结构和花木景物，其刀法的熟练流畅，画面比例和透视的准确更是木雕中的精品。承支门和窗的门支、开启关闭窗子的插锁也是门窗木雕的重要组成部分。这些成体积状的门支窗臼和插锁如同一件单独的工艺品，由几组图案组成立体的雕塑。

2、梁架木雕

梁架是木结构建筑承支空间的骨架，主要由柱、梁、牛腿、雀替、斗拱等构件组成。梁架木雕主要是梁架自身的木雕装饰和梁架辅助的木雕构件。

梁架木雕主要由厚而大的木料以圆雕或半圆雕制作。而门窗木雕则完全是由薄木板用透雕或浮雕制作。二者在建筑中不同的位置，不同的艺术表现形式，不同的视觉效果，不同的体积感而决定其需要分类论述。

建筑梁架木雕主要应用在大梁、牛腿、雀替、斗拱等建筑构件上和辅助构件的接口上。

雕梁，在梁架上施雕的称雕梁。梁是木结构建筑神圣的构件，上梁时需要举行仪式，祈求平安，因此梁的雕刻成了优秀木结构建筑至关重要的装饰。

梁架主要由柱、梁、坊等构件结合而成，而柱不见雕刻，木雕通常在梁上。雕梁分整梁雕刻和贴梁雕刻二种。整梁指横梁一木连做，把图案直接雕在大梁上。贴梁是素梁上贴上雕刻的小梁，二者合一。贴梁有利于对梁本身承重功能的木材和雕刻贴梁的可施雕的木料的选择，优势互补。雕梁的形成和名称很多，有太平梁俗称东瓜梁，有抱头梁、挑头梁，还有檐廊上的月梁等。

◎月梁木雕　飞禽走兽

◎牛腿　狮子

◎牛腿　凤凰牡丹

雕梁常见有九狮、百鸟朝凤、百马、鱼乐等题材。

牛腿，顾名思义，是牛的腿，因牛的腿强壮有力而得名。牛腿是前檐柱与走廊小梁间承重的角托，既有结构上功能的作用，也有建筑前檐美化的需要。一幢建筑有门窗格子和门窗雕刻，又有檐柱间的木雕牛腿，装饰效果便有了立体感而且富有层次。

牛腿是建筑梁架木雕最丰富的遗存，也是最精美的木雕形式，是位于檐廊外沿，挂于檐柱上辅助支撑挑檐的构件，虽然有一定的承重功能，但主要功能是美化建筑。牛腿在前檐，左右仰视观赏，故在视觉上充分考虑仰视效果和三面立体圆雕的表现手法。不同时代、不同地域，有不同的建筑结构和建筑风格，也决定了不同的牛腿形状，用多大的体量以及何种木雕形式题材的牛腿。

牛腿遗存主要有双狮、双鹿、双鱼、神仙人物、戏剧故事等题材。

雀替，状如在建筑梁架上的燕雀飞落之势而得名，也因其形如三角，民间俗称“角花”。镶于横梁与房柱之角，是加强柱和梁承重力的辅助构件。雀替木雕受其体积影响一般施雕简单，饰人物、飞禽走兽等图案。

斗拱，是以榫卯结构交错叠压而成的既承重又富有装饰性的构件。斗拱因其形如升斗，立如拱手，为承担梁的重压而得名，有正心拱、人字拱等。斗拱虽由大木作制作，但局部施雕。

建筑木雕还有垂花柱，事实并非柱，只是柱状的花篮形、宫灯形的木雕装饰。

明清建筑门窗木雕、梁架木雕的研究还处于初级阶段。对于其深厚的历史积淀、美学观念和丰富的民俗性以及年代的考证，下面几章将作初步的解读。

三、建筑木雕的技艺

遗憾的是，无论现在能看到遗存的江南明清建筑如何精美，哪怕是著名的经典建筑，我们尚无法找到设计师和施工工匠的名字，是这些无名艺术家创造了江南明清木结构建筑艺术的成果。

在研究比较中发现，大量遗存的木雕作品中，依然能看出不同地域的匠门技艺流派特征，不同年代特有的时代风格，以及师徒传承中演变的过程。

文化人掌握技艺是一种把玩的概念，但工匠学艺纯属为了谋生，是专门的职业。在当时技艺的水平不但决定其名声好恶，更是谋生的手段，在激烈的竞争中，匠门中匠主的技艺决定了这门匠人承接木作的工程项目档次和业务量的大小。工匠们始终把技艺和谋生联系在一起。在这样的环境中，尽管题材会因时尚而变化，表现手法因技艺演变而不同，但竞争促进了匠师技艺追求和提高。因此，木雕在明代至清代中期的数百年间，总的来说是在提高和进步中传承。

江南建筑木雕的制作特别注重木材的选择，古代因交通条件和运输工具的限制，大多数就地取材，要求木材质地紧密、细腻、无结、无色、不易开裂、不变形。同时，要求木料在雕刻时易于走刀，横直纹理差距基本一致，打磨后皮表有坚硬质感，成品后不易虫蛀。江南明清建筑木雕选用的木料主要有楠木、榉木、银杏木、樟木、白杨木等。

楠木，品种很多，质地不尽相同，有粗细之分。浅咖啡色有云水纹的称金丝楠木，有白色点状的称银星楠木。楠木纹理清净，温和近人，抚摸如肌肤质感。楠木

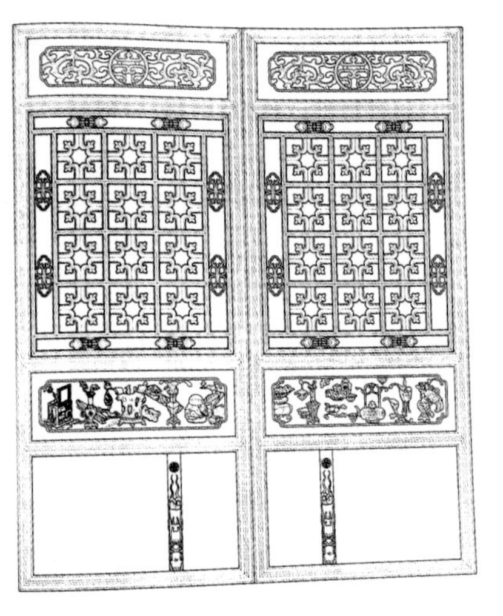

◎摇杆窗

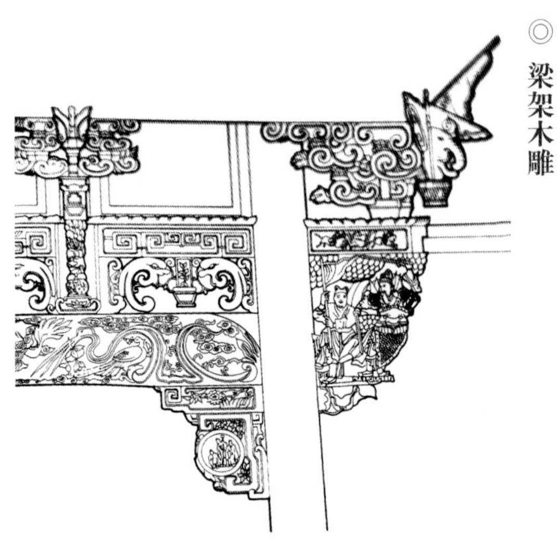

◎梁架木雕

◎牛腿局部 鸡

重量较轻，易加工，千年不烂，不开裂变形，无结无色，是木雕选择的最佳木料之一，也是薄意浅浮雕运刀最理想的木材。

榉木，有红榉和黄榉两种，红榉色深，如蜂蜜；黄榉质地细密，纹理含蓄。榉木纹理有如山水画般的树龄纹，以浮雕为宜，雕刻成品中有象牙纹般的自然纹理。

银杏木，树大板宽，不变形，不开裂，是建筑中板材的最佳选择。江南民间有“枫树横料，杏树板”之说，其纹理与楠木相近，但明显泛黄，而且比楠木稍重些。

樟木，江南又称香樟树，在江南农村较常见。村头高大的樟树是江南古村的象征。樟木是常绿的树种，主要分红芯樟和白芯樟两种。红芯樟又称“油芯樟”，有淡淡香气，横直纹理紧密，易雕刻走刀，常用于木雕中的透雕、深浮雕的制作，但有细眼纹，不宜用于薄意浅刻。“白芯樟”易虫蛀，不常利用。

白杨树，生长在水塘边，材质轻，质地松，优点是无结疤，无色，但因其材质易虫蛀，寿命不长，因此常见清中期精美的白杨树制作的木雕被虫蛀得面目全非，完整的多是清晚期和民国初的白杨树雕刻作品。

从现存的木雕用料看，工匠在实际经验的积累中形成了共识，上述五种木料占了江南建筑木雕的九成以上比例。

木雕和泥塑不同，木雕是切凿多余的木料，留下需要的构图，是减法，因此必须小心雕削，必须胸有成竹，否则难以补救。而泥塑则可加可减，反复雕塑。木雕如同毛笔在宣纸上落墨，无法反悔，故必须强调刀法，如同国画之笔墨，书法之笔法。

江南建筑木雕是以浮雕和透雕表现形式为主的雕刻手法。浮雕把画意的透视压缩在一定的厚度上。透雕是将木板锯空或雕空然后留下图案部分再用浮雕完成的表现形式。悬雕也叫圆雕，需深雕、镂雕，要三面或四面视角看，是立体的雕塑。

浮雕需要铲去多余木料，建立平整的底面，留下阳起画面形成匠人意念中的人物、花鸟、山水、虫草、亭台楼阁等图案的表现形式。剔地深的则称深浮雕，其深度是指阳起的高度，也指剔底的深度，是一般常见的雕刻形式。剔地浅的叫浅浮雕，也叫薄意雕法。浅浮雕看上去简单，但要在有限的深度中表现透视效果，把透视按准确比例压缩在极浅的阳起高度上，需准确地把握好物体的透视和比例，越浅越难。事实上，初学者或技艺一般的匠师不能也无法用浅浮雕的手法施雕。浮雕工序中的剔地是木雕重要的技术，底子平整是浮雕技艺的基本要求，底子用平刀铲平的技法，看似简单地剔去多余的木料留下要表现的物体和画意，但要求底子在同一水平面上，在实际操刀中相当困难。因此，一般学徒首先要学会剔底，剔底平整了，基本功也就到位了，剔底需一年以上才能初步掌握技巧。因此常常会听到人们批评一件浮雕作品时，总会说“底子都不平”，事实底子平整是浮雕技艺的基础，是一件优秀的浮雕必须具备的要素之一。

透雕是指雕空或用钢丝锯锯空图案多余的坯料。其实留下的图案部分还是要用浮雕的形式雕刻，是透雕和浮雕手法相结合而完成的雕法。门窗木雕有浮雕、透雕和阴雕等几种表现形式，从目前遗存的实物上看，在明清数百年间，这几种表现形式的技艺和表现手法上是一脉相承的。

建筑梁架木雕上的牛腿大梁、雀替是圆雕和半圆雕的表现手法，强调三面视角的把握，因此有极强的立体雕塑感。

木雕的制作和使用的刀具有密切关系，工匠使用的雕凿主要有斜口凿、平口凿、圆凿、中钢凿、弧形凿、针凿等。同时使用棒槌、靠垫木等工具。运用敲、铲、剔、镂、锯、刻、压、点等雕刻手法。

敲，是用棒槌敲打有柄的钢凿，使钢凿在木板上留下印痕，或者把多余的较粗的木料直接敲打剥离木料，大多用于坯料的制作上。

铲，是手握木柄钢刀用手臂和手腕的力量铲除多余的木料。

剔，是用平凿把底子剔成同一水平。

镂，是挖空镂透多余的木料，其实是透雕的手法。

锯，是用钢丝锯切空，留下需要的部分，专用于透雕技法。

刻，是较轻地修饰，或精细部分的轻轻施刀。

压，指压印极细巧的纹饰。

点，是用针刀点刻眉目、发须等更细的点迹。

◎牛腿　狮子

木雕首先要度样，先在木匠刨平的木板上画上要雕刻的图案，一般的图样来自于画稿，也有的是由匠师创作。再按图用棒槌敲打凿子，印刻要保留和铲去的多余木料的过渡边线，剔去多余的木料，利用不同的刀凿，由粗而细，逐步渐进，直至雕刻完工。木雕技法追求刀法的运用，落刀如同绘画的落墨，不作打磨的，我们称之谓刀板工艺；另一种是雕刻后需要打磨。打磨在古代是件不容易的事，要用木及草或乌贼骨轻磨雕板，使其棱角、毛刺消失，手感圆润。再上漆，上一次必须再打磨一遍，如此反复数次，才算完工。即便是看上去极薄的清水木雕，也需数次上漆和打磨才能最后完成。

从明式木雕的实物中可以看出，刀法比较简单，刀具种类也不丰富。从这些作品的刀痕中发现，平口凿是主要的刀具，圆口凿亦是较常见的工具。敲打是切削粗坯的最基本手法，需利用臂力和腕力。铲刻是最主要的运刀技艺。单刀雕刻是最常用的刀法。明式木雕不见平底阳起的表现技法，但常见在底子上浅刻图案，看上去似织锦垫底，繁花衬托阳起的主题图案。

清式木雕为了适应题材的增加，内容的丰富，刀具也随之创新和发展，雕刻技法进一步提高。实物中也可以看出平口凿依然是当时常用的刀具，掌握平口凿的运用是雕刻的重要技术。平口凿不仅用于剔底，还用来左右单刀刻阴线，刻阳纹。同时看到弧口凿有大大小小不同的使用底迹，因此可以了解到当时已有许多种弧口凿用以刻制弧形的线条，切凿弧形的图案。

工匠为了适应题材的多样，雕刻技艺也发生了变化，首先是改良雕刻工具，以适应技法上的要求，雕凿品种增多。如剔地用的平底刀，这是以前不需的；如三角凿，也不见明式和清早期使用过的痕迹。这种一刀便起阴线两头均见鼠尾状刀痕的刀具，无法使线条两侧变化出丰富的深浅线条和流畅的刀法，无法使落刀和收刀建立画意需要的准确线条，也无法表现物体准确的透视和造型的要求。但是，三角凿要比单刀省工，因此在清中期后出现在较差的匠门里，也是被同行批评的刀法和技艺。可是这种虽然不能体现优秀技术的技艺在清末却广泛流行开来。

◎ 窗格芯 博古图

◎ 窗臼

木雕的技艺还直接反映在工匠的绘画能力和文化修养上，有一定文化底蕴的工匠才能创作出优秀经典的木雕作品。在调查中发现，也确有一些文人由于家道败落，在当时的普遍观念中，认为是“沦落”为匠人。但也有热爱“雕虫小技”的秀才、举人，是这些具有艺术修养的读书人创作了许多好的作品，使民间木雕具有文人士大夫共有的审美意趣。同时，工匠在谋生和施艺过程中，经常与有艺术素养的业主交流，逐渐提高了审美水平，经年累月刻苦努力，工匠也已经是有一定素养的文化人。诗画皆通，木雕与绘画也有着相互借鉴的做法。

四、建筑木雕的时代风格

本文叙述的建筑木雕时间概念上，基本界定在明代中期到清代晚期的四百余年间（1420—1820）。

因为木材脆弱的性能，要在木结构建筑中寻找更早的实物资料已十分不易，即便是有些木结构建筑中的木雕作品似乎有元代的艺术风格特征，但无法找到科学的证据证明其属于那个年代。更何况这四百余年之间的阶段性概念的界定也十分勉强，只能为读者提供考证过程和比较研究中普遍认可的时间划分，这样的划分只能为读者提供木雕数百年间传承的部分信息。

明代木雕和明式木雕的分类。明代木雕，指的是有明确的时间年限，在明代制作的木雕作品。由于明代风格的木雕技艺依然在清代初期制作和传承着，故历史虽然已经进入了清代，但木雕风格还是前代遗留的明式，所以普遍称其为明式木雕。

但也有少数人认为既是在清代制作，理所当然应该是清代式样，而不应该是明代式样，不应该冠以明式概念。

但普遍接受的观点认为，明式和清式是二种不同审美意趣，不同的风格特征的艺术形式，因此，明式和清式是指两种木雕形式和特征，虽然由明清二字区别，但并非朝代的界限。

明清家具研究中的命名选择后者，认为虽然它已经是清代了，但清初依然是明代遗匠制作的，保持着和明代相同的艺术风格和表现形式，相同的审美观念，更重要的是后来产生了新的家具式样，这种式样明显形成不一样的特征，即清式家具。

虽然建筑研究没有这样的定位，但明清木雕大量遗存在明清家具中，为了和家具研究观点接轨，本书也沿用明代、明式和清式的概念讨论。

对类似题材、类似的表现手法、类似的风格特征的木雕进行比较时发现，明清数百年间遗存的实物有着明显的传承规律。分类、比较是了解木雕最基本的研究方法。

建筑木雕不仅仅是建筑门窗木雕和建筑梁架木雕中通俗意义上简单的装饰，更具有建筑的细化、精化，是建筑美的提升，也是建筑画龙点睛美化的重要手段。从数量丰富的明清建筑木雕遗物的比较中发现，江南明清木雕有着明显的演变痕迹和传承脉络，数百年间变化的工艺技法、表现形式、题材以及表面色彩都有着明显的时代特征。

明代是从蒙古人手里夺取政权，重新以汉民族为中心建立的，传承了唐宋制度和经济文化体系，也曾经有过短暂的繁华岁月。这一时期的木雕中，精致的飞禽走兽图案保持着一致的风格和审美理念，从《营造法式》中的木雕图案中印证，明初依然传承着宋元风格特征。然而，到了万历以后，官场腐败，民不聊生，失去了经济上的依托，江南木雕从简约走向简单。

元代建立明代承传的"匠籍"制度，由官府垄断手工业制作，匠人只容许和同工种匠人通婚

◎窗格芯　龙纹禄

◎窗格芯　团鹤

◎窗腰板　花鸟图

而且技艺必须代代相传，谁家要建屋或打制家具必须向官府申请用工，官府垄断手工业而获得利益，这种制度延续了近三百年，在当时也确实促进了木雕匠作的技术发展。因为世代相传，具有极强的专业化，因此出现了明式木雕世代相传的图案化、程式化的现象。“匠籍”制度使江南地区木雕形式统一、风格相近。在遗存的明代木雕中依然能看到，明代木雕即便是在地域上相隔千百里，式样也大同小异。

清初，摄政王多尔衮废除了“匠籍”制度，工匠可以自由和民间建立供需关系。同时，元明间制定的制度法式可以随匠师意愿而改变，促进了木雕技艺的创新发展，程式化的图案开始动摇。尽管这种改变是一个渐进式的变化，但经过几十年的时间也必然会有明显的结果，因此明式建筑向清式建筑的转变在满清入关之后，明清建筑木雕风格也在这一时期随着木雕母体建筑的转变而开始转变。

从大量遗存的明清建筑木雕作品中看，这种转变的时间应从顺治初废除“匠籍”制度开始，经康熙、雍正的近百年过渡，乾隆时期才开始出现明显的清式风格，而康雍时期依然有明代遗风，即已经是清代的明式风格时期。在家具、瓷器等

◎窗腰板　双狮图

◎牛腿局部　神兽

◎窗格芯　人物

相对成熟的研究领域中也证明了明清工艺美术领域艺术风格存在这样的过渡期。从木雕技艺的保守传承到逐渐创新改变，足足经过了近百年的历程。在这之后，各地域各匠门开始凸现特有的流派，形成清中期丰富的木雕风格，在江南地区便出现了徽州木雕、东阳木雕和宁波朱金木雕等不同的技艺流派，甚至每个匠门均可有不一样的技艺继承，这便是清式木雕丰富多姿的原因。

明式建筑木雕，具有时代风格和审美要求，只是区别在建筑中装饰板块的形状不同和视觉位置高低不同以及实际应用的手感要求不同。但在题材的选择、刀法技艺的发挥和文化的传播上是完全一致的。

遗憾的是，明代初年的江南木结构建筑和建筑木雕遗存实物不多，无法进行系统的解读。明式木雕实物遗存的界定的时间和明式家具以及明式门窗格子一样，基本应该是在明代中期到清初的两百余年间。

明式木雕强调程式化的图案，吸收了当时丝绸上常见的装饰图样和瓷器绘画图案，重在写意，比例、透视、写实的把握能力明显不足。但是，花果图案、飞禽走兽和谐地结合在一起，花卉图案的布局十分严谨，也非常美妙。枝头缠绕的变化，叶的卷曲，花的开放，果的挂搭，近乎完美。“花开正面，叶无反侧”，追求上下、左右对称，强调归整统一，疏密相间。这些建筑木雕图案的形式也和瓷器、绘画有着一样的特征。

明式木雕画面的边线线脚和转角有着基本一致的规律。线脚的形成基本对应明式门窗框档的风格特征，追求亲和柔润的视觉效果。腰板或裙板中雕刻图案的边线二层台阶线脚普遍应用，也印证了同时代瓷器常见的二层台阶的底足。常见带弧度的线脚转角，这种转角明式家具研究术语称为“委角”。这种“委角”看上去相当简单，但刻制时完全用雕凿手工挖出，工艺上称挖角做。委角使方直的板面增加柔和的线条，使强硬的构图增加温和的气氛。这些明式家具上的审美理念也体现在明式木雕中，有着一致的匠意。

◎牛腿局部　和合仙人

◎牛腿局部　和合仙人

明式建筑木雕讲究刀法，不打磨，要求刀刀见效果，刀刀看得见，运用刀法犹如国画的笔墨，以刀代笔，强调一气呵成，用最简练的刀法表达完美的构图。

明式木雕的边线和清初开始流行的泥鳅背线条形成相同的视觉效果，追求朴实、真切亲和，强调光滑的手感和柔美的视觉效果。

明式木雕的人物并不成熟，比例不协调，看上去似乎简单，但也有幼稚之美、古拙之美。明式花鸟鱼虫、飞禽走兽的图案却十分成熟，构图上各地匠门的作品有着一致的要求，形成审美上的共识。龙和凤的造型、花和叶的搭配、鱼和水的表现、飞禽和走兽的呼应普遍是程式化的安排。

明式建筑木雕中的牛腿狮子，脸面也是由程式化、图案化的形式表现。眼睛、鼻子、嘴巴左右对称，连狮头上狮毛的卷曲也两边分开。

明式建筑木雕中的静物也称博古，器物的造型和装饰一般都是当时的存列器物，有着相同的风格和特征，也是明式家具装饰和明代瓷器等学科在年代考证研究上的印证物。明式门窗雕刻常见底子上刻出吉祥图，或者织锦文，这些底子上的图案或阳起线刻，或阴线浅刻，使主浮雕有丰富的背景，有一定的装饰效果。

明式木雕在构图上始终强调对称的图案，装饰上也要求达到稳定和谐的视觉效果。即便是一片小板，也一定极力使其在构图上对称。花卉的缠绕、动物的脸面、静物的布局，尽可能地在整体上保持对称、平衡、稳定的构图，形式上反复强调这一理念。

清代虽然是满族人的政权，但清初却大力提倡汉文化，使康、雍、乾三代进入了中国历史上少有的“康乾盛世”。建筑木雕开创了前所未有的工艺发展时期。清初木雕传承和保持明式风格和明式特征，图案多采用龙凤呈祥、瑞鸟神兽等吉祥图案。龙凤以变体的卷草龙、卷草凤或卷尾龙、卷尾凤的形式表现。夔龙和夔凤变化丰富，形象生动，依然保持规范严谨的构图。常见的有方角草龙、圆角草龙，有明显的阴阳特征。

清初建筑木雕在图案上强调花瓣的开合，枝条的穿插，叶片的舒张等构图关系，强调写意和变幻夸张的手法，追求自然的同时刻意强调神似。题材已不再限于水草、水花、卷草、卷花和飞禽走兽等传承久远的程式化图案，开始趋向自由的创意，花鸟鱼虫、山花野草，随意雕作，虽然仍旧属于明式木雕风格特征，但可以看出明式木雕风格上转变的信号。

经过了清初稳定的经济发展过程，江南已恢复了明中期曾有过的繁华，并且更加繁荣。政治上随着反清复明的思想逐渐淡化，社会进入了新的和谐时期。审美追求也自然产生了满汉合璧的意向，进入了一个历史上少有的盛世——“乾隆时代”。由于江南地区良好的经济文化基础，这一地区建筑结构达到了前所未有的精致，建筑装饰上进入了绚丽华美的时代。尽管建筑已非前代恢宏和大气，但精巧雅美之风开始盛行。一幢木结构建筑的营造工时，似乎一半以上在于建筑雕刻上。

门窗格子精细而且强调耐看，大梁、牛腿、雀替为建筑增加了精美的装饰效果，门窗雕刻为了和这些建筑工艺相结合，显示精细、精致，不惜工本，穷工极作。这一时期，人物已是木雕的主要题材，神仙、道士、帝王将相、小说故事、民间传说、唐诗宋词意境等无所不有。明式雕刻以图案化、程式化为主要构图，而清式门窗雕刻在题材上渐渐开始创新和丰富，经历了由简单到复杂的演变过程。匠门中或师徒传承，或父子相续，或兄弟互动，开始了各自创新的表现手法和雕刻技艺。

清中期，建筑木雕人物已具有了准确的人体比例，且有合理的三维透视，追求骨骼、肌肉、衣饰的准确，具有一定的写实能力，同时仍然不失东方艺术中写意精神，人物追求传神，强调神似，呈现了雕塑史上又一个优秀时代。

这一时期的动物造型生动活泼，追求趣味性，写意中有具象，与人物之间和谐相处，互相呼应，表达了古人和大自然友善的氛围，同时打破了明式动物图案程式化的布局，体现了个性化的追求。匠人们开始运用当时认为最优秀和容易用木雕表现的绘画底本，模仿其布局、画意，甚至运用笔墨的功底，以刀代笔，开始了新的诗画意境的创作风格。人物能够在木板面上表现文人士大夫寄情山水、超然物外的精神风貌；也能刻画老道、高士、神仙非凡的风骨，创作出道骨仙风、飘逸神驰的人物作品。

这一时期，已经不单单强调写意，同时追求传神，而这种转变也是技艺的提升。在审美意向上追求清水木纹，材质推崇天然树轮肌理，这些和清中期中国画崇尚清淡笔墨有着相同的审美意趣。

清式建筑木雕中的薄意雕法中的亭台楼阁十分精细，每扇堂门雕刻着精细的门窗格子和腰板、栏杆，房屋中每一块瓦片也似乎可以数落出来，这种精细程度是前所未有的华美。

清末江南结束了曾经繁华的历史，木雕也开始衰落。即使是有钱人家，工匠的技艺也已经无法保证品质，无法和师傅的师傅相比美，只是粗放的雕饰，失去了昔日曾经有过的审美理念和品质。

民国初年，战争连绵不断，社会动荡不安。江南虽然土地肥沃，四季常青，但经济衰弱。虽然东南沿海码头城市受泊来经济的影响，曾经有过一枝独秀，创作了一批优秀的木雕，但由于社会经济已经走向没落，经济底气渐弱，文化艺术也随之衰微。同时受海外文化的冲击，对于传统建筑以及建筑上的装饰有了新的改变，出现了新的建筑形式，木结构建筑中的木雕也开始不被社会重视，雕刻技巧和艺术水平也随之下降。

明清二式的建筑木雕在风格特征、图案结构上是有着明显不同的，同时还要强调在古旧程度上的不同：明式建筑木雕至少经过二百多年岁月，无法避免空气的侵蚀而变成深木色，质地松，看上去古朴陈旧，甚或剥落。清式木雕时间相对短，木质明显坚实。二者有一定的年岁差别，木材纤维因时间长短而发生的变化完全不同。如萝卜切开时的颜色和经过二个小时后的切面表皮明显不同，木材纤维也会因脱水、脱脂留下不一样的质和色，双手触摸时也会有不一样的手感。

木雕在建筑上表现美的载体已经成为过去。我们无法说明是进步或者是倒退，审美的理念随时代而变，人类总是在变易中前进。但是，尽管时代风格在变易，木雕技艺和品性曾经体现的社会的兴衰和时代变迁的脉搏却是深刻的。

五、江南建筑木雕的地域特征

我国主要有四大木雕流派：“徽州木雕”、“东阳木雕”、“宁波朱金木雕”、“潮州木雕”。本书介绍的江南地域概念，恰恰在前三大主要木雕流派的江南地区。

从江南明清数百年的木结构建筑梁架木雕和门窗木雕中看出，不同的地域有着不同的表现风格和不同的工艺特征。

江南明清建筑木雕的“徽州木雕”主要分布在江南地区的安徽省南部的“皖南地区”。“东阳木雕”主要分布在浙江省衢州、丽水、金华等浙中地区。“朱金木雕”主要分布在宁波、台州、绍兴等浙东地区。环太湖流域的建筑，强调居室空间和园林的和谐，并不注重木雕装饰，也不见有特别典型的木雕作品遗存。

皖南地区的徽州木雕，浙中地区的东阳木雕，目前工艺美术研究中在命名上似

◎ 戏剧人物 角花

乎十分清晰，但把两大流派的作品集中在一起时，一般人似乎很难分辨，但对有丰富经验的研究者来说是不难分开的。其实江南丘陵地带因山脉的阻隔而形成“十里不同风、百里不同俗”的复杂局面。语言也非常丰富，百里之外，互不相通，因此不同方言的地域必然带来不同的民间风俗、不同的审美意趣，也有明显不同的木雕风格和工匠流派。虽然徽州木雕和东阳木雕之间的关系有时代特征和地域特征之别，但仍然存在着江南地区明清时代木雕在大概念上基本一致的表现技艺和审美意趣，并且有着传承、交流、演变等复杂的因素。

古徽州位于安徽、浙江和江西三省交界的安徽省境内，有风景秀美的黄山奇峰，有石、松、云自然风光，是新安江的发源地，也是历史上明清时代的新安文化区。

徽州木雕主要产于安徽省的休宁、歙县、祁门、黟县、绩溪和古属安徽的江西婺源地区。这些地区，在地理上分布在黄山周边一带，风景秀美，气候宜人，是明代以来徽商的发祥地。丰富的物质基础是营造华宅的基本条件，精美的木结构建筑是工匠表现技艺的舞台。梁架、斗拱、雀替、牛腿、门窗等无处不雕，穷工而作，木雕是当时建造徽派木结构建筑和美化生活环境的重要手段之一。

徽州木雕在门窗中的雕刻，不但在腰板、档板、裙板上施雕，连门窗格子也有不是“小木作”用榫卯结构拼接，而是“雕作”独板镂刻的作品，这种门窗格子也称透雕。雕刻的门窗格子虽然从其品性和使用寿命来说不及榫卯结构，但也是徽州木雕的一大特征。门窗木雕无论是格子、腰板、裙板都是满板布局。徽雕的第二大特征是：人物、山水、花草树木景物丰富而且集中表现在同一画面上，层层叠叠，使人觉得热热闹闹，有浓重的民俗性和民间味。

徽州木雕在梁架牛腿中的题材，主要有狮子和骑狮子上的人物，牛腿狮子的雕刻选材会在整段原木自然形状上造型，使狮子形体跟随原木大小随意造型，因此显得圆浑而且瘦长的样子。这些牛腿上的木雕是徽派建筑装饰典型的特征之一。

徽州建筑木雕在雕刻中的松、岩、云似乎是模仿黄山地区常见的黄山松，苍劲如虬龙，而有松必有石，石又如人、如禽、如兽、如根，而松石之上必有黄山常见的云。这种构图是工匠在大自然中发现美的直接表现。

徽州建筑木雕以浮雕为主，强调刀法的速度和线条的硬朗，不求圆润的打磨效果，故意建立饱满的画面。不见平整的剔底和布局上的留白处理，满地满雕而且保持着一致的徽州木雕特色，是明清建筑木雕中最具程式化的木雕流派。

东阳地处浙江金华地区的东阳市，东阳木雕的命名各有说法，一种是界定在东阳行政区域内的自古至今制作的木雕刻；一种认为应该是浙江中西部地区内遗存的明清时代以及传承明清风格的木雕刻概念。而后者更能体现东阳木雕体系更广泛的地域概念和更大的影响力，更能表现东阳木雕这一民间工艺的技术流派。事实也是这样，东阳木雕匠人以雕刻为生，足迹遍布浙江中西部等地区。目前看到的这些地区遗存的

◎月梁局部　飞禽走兽

◎梁头饰局部　神兽

明清时代建筑中的大梁、牛腿和门窗木雕作品的风格特征证明了这后者概念上的合理性。

浙江中西部地区主要有金华、义乌、衢州、兰溪、建德、龙游、江山、武义等县市。至于"东阳木雕"作为木雕流派广被接受，不知始于何时。在东阳市境内出土的宋代佛教造像并不能和明清木雕风格有某种联系，真正能代表"东阳木雕"概念的是浙江中西部地区的木结构建筑中的明清时代的建筑木雕装饰。

东阳木雕中的门窗装饰，很少有整板镂刻的门窗格子，但在榫卯结构的门窗格子中间镶嵌木雕格芯和结子十分普遍，榫卯格子作背景，门窗木雕格芯和结子是主题，在门窗装饰中增加了层次，表达了中心意愿。这些格子中的木雕格芯和结子是以镂雕为主，背景和格子一样空灵，使格子和结子十分和谐。

东阳木雕中的门窗腰板装饰一般以半浮雕为主，也叫剔地阳起雕法，在底子上留下空白，使画面具有远山近景，同时注意比例关系，强调透视效果。

东阳木雕的建筑大梁雕刻有九狮、五狮、百鸟朝凤、游鱼、凤凰牡丹等题材。这些雕梁镂雕深，气势恢宏，是东阳木雕重要的代表作。

东阳木雕在建筑上的牛腿、斗拱、角花是浙江中西部地区明清建筑最有特色的装饰。牛腿上的人物和动物气势恢宏，造型逼真，有写实和写意结合的表现手法。成排、成套的同一题材形成完整主题，使雕刻成为建筑的视觉中心和文化核心。特别要强调的是动物中的狮、鹿、象的艺术效果，夸张地塑造了动物神情，并赋予了人格化的神态，或厚道，或夸张，或幽默，表

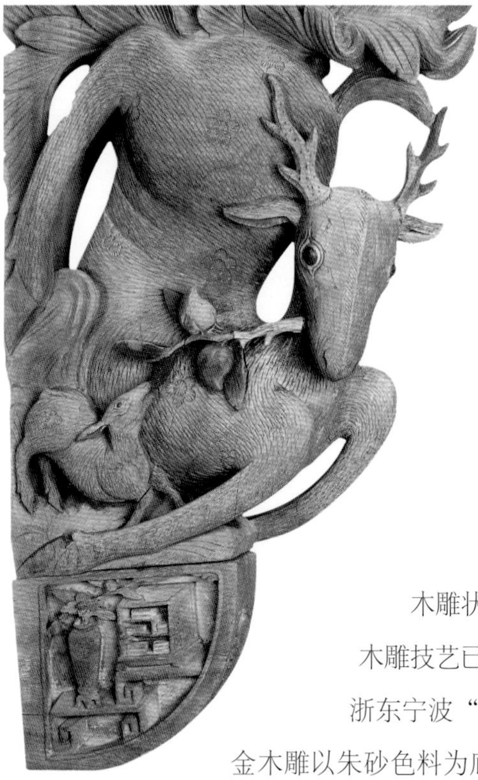

◎牛腿 鹿

现了动物不同的性格。

早期的东阳木雕强调动植物的图案化和人物的对称，人物神态古拙，机械地表达故事情节，并不强调精神。清中期开始追求刀法简练，线条优美并强调神情逸致。清末，东阳木雕艺人依然传承了曾经辉煌的“东阳木雕”技艺，又一次在风格上进行了创新。有些木雕匠门接受外来文化影响出现了夸张和变形的表现手法，不管是人物、山水、动植物，都在不同程度上表现了变化之美。

值得一提的是东阳木雕在民国初年有了木雕行业选举木雕状元的活动，记录了一些当时优秀匠师的姓名，但此时的木雕技艺已非昔比。

浙东宁波“朱金木雕”是江南三大木雕体系中重要的组成部分。朱金木雕以朱砂色料为底色，以纯金金箔贴面装饰，主要应用在浙东祠堂的戏台上，婚嫁器具和内房家具中。朱金木雕因为着色需要要求雕刻圆浑，强调打磨光滑，人物有的并不开眼，而是用墨点化。朱金木雕主要使用天然黄金、水银、朱砂、青金石、黛粉、贝壳等天然色料，绚美喜庆，富丽华贵，把戏台等建筑装点到了极致。

浙东的建筑门窗木雕和朱金木雕在画面布局、刀法技艺和表现风格以及装饰特色上都是相同的雕刻技艺，但表面处理不一样，门窗木雕追求木材肌理和木材本色，家具木雕则要求光滑细致，以便直接与人肌肤接触达到温和近人的实际需要。以绍兴地区的嵊州、新昌，宁波地区的宁海、奉化为主要产地的浙东木雕更注重文人意念和传统中国画境界。

清中期，浙江的嵊县、新昌县、奉化市和宁海县出现了一批专雕薄意浅雕的工匠，主要是门窗木雕，特别是门窗腰板，雕得更是精致之极，亭台楼阁、山水景物，不惜工本，精工细作。从存世的作品看，以嵊县的刀法最细，以宁海、奉化的最具文人意境。尽管依然存在匠人很难摆脱的匠气，但工匠在浙东宁绍平原这块有着深厚文化底蕴的土地上，广泛接受了作为文人士大夫的主人的审美要求，同时又受到作为书画行家的主人的指导和影响，甚至文人直接参与木雕的制作，留下了一些与书画意境完全一致的优秀作品。

这些薄意浮雕虽然和徽州木雕、东阳木雕有一样的木雕技艺，但相比更精彩，在极薄的阳起体积上压缩透视效果，在极准确比例中刻制画面细部，如同精致的工笔画。

清中期宁海和奉化木雕，不但在门窗腰板上精雕细琢，在门支和窗臼上也通体施雕甚至在窗锁上镶嵌琉璃，这些门支窗臼中的阳线精致规范，如同汉玉浮雕，十分精妙。浙东木雕结子也是门窗木雕中具有鲜明特色的木雕形式，雕刻模仿汉玉贡璧、藤条、绳结等题材的木结构嵌结，惟妙惟肖，画龙点睛般地镶嵌在门窗格子中。优秀的浙东木雕人物已经进入了出神入化的意境。花鸟鱼虫、山水景物也出现了极致的精美。工匠以刀代笔，操刀如笔，既体现了其较深的书画功底，同时也可以看出江南明清时代木雕艺术进入新的境界。

以苏州园林建筑为代表的苏南明清建筑有着辉煌的艺术成就，园林建筑的生活空间是文人士大夫的梦想境界。苏南地区和浙北地区的建筑保持着基本一致的风格，但我们惊奇地发现这些明清

◎ 和合窗格芯　人物

◎ 窗腰板局部　山水图

建筑的大梁、斗拱、牛腿以及门窗木雕远远不及江南丘陵地区的门窗木雕复杂和丰富，环太湖流域是江南的粮仓，也是文人辈出、承载了明清主流文化辉煌的地域，在建筑风格上追求生活空间的营造，人文理念上强调意境的建立，并不追求建筑细部的装饰，但更具汉民族审美的主流追求。虽然在门窗的腰板和裙板上有浮雕装饰，但相当简单，材质也以杉木为主。因此在寻找环太湖流域建筑木雕的精品遗存相对困难。故而本书收录的实物资料中这一地域的实物明显不足。

六、建筑木雕的动植物题材

建筑木雕的图案，主要由人物和动植物组成，本章先说说动植物题材。

动物和植物分别有其属性，人们运用谐音、寓意、象征、比拟等手法或直接或含蓄地表达生活的追求，表达美好的愿望，这些有着美好寄托的木雕内容，我们称之为吉祥题材。

◎ 窗腰板 草龙

◎ 窗腰板局部 凤凰

吉祥题材运用谐音，如“福”和“蝠”、“鹿”和“禄”、“鱼”与“余”等等，这些所蕴含的吉祥寓意久而久之形成共识，被人们认为是讨彩求吉的形式而广泛运用。

寓意，是将吉祥的祈求和愿望藏在物品或文字里，或图案中，如牡丹寓意富贵，竹、梅寓意君子等。

象征和比拟则是以人的愿望由物来表达，如“荷花”和“盒子”象征夫妻和合，松柏象征长寿，以“法轮”比作生命不息等。

变体龙纹图案是明式门窗木雕的主要题材。龙是意会物化的神灵，取飞禽、走兽、水族及自然物象组合而成，具有超自然的变化能力，是帝王的象征，也是智慧和力量的化身。木雕广泛采用夔龙、草龙、螭龙等不同形式，画面充满活灵活现的动感效果。虽然在封建社会中民间无法用完整的龙的形象，但仍然以变形、夸张的手法以卷尾草龙的形式表现，有些龙变化成意象的图案，似龙非龙，但人们一看便知是龙纹，龙纹装饰在传统图案中最具代表性，人们暗喻贵如皇家，祈求最高贵和最美好的愿望。

凤凰是百鸟之王，五灵之一，和龙一样其形象也是虚拟的。凤凰集锦鸡、鸳鸯、鹦鹉、仙鹤、鹏鸟等鸟禽的体魄于一体，也是木雕常见的吉祥题材。龙凤呈祥表达的是吉祥如意、和谐美满的幸福生活。木雕中凤凰牡丹的图案十分普遍，牡丹富贵，凤凰高贵。

狮子，原名狻猊，是兽中之王，因和喜庆的“喜”发音接近而广泛被应用，是明清木结构建筑装饰最常见的形象。狮子又是从域外来的强兽，能够战胜老虎，因此，人们以狮子来辟邪。木雕中的“双狮戏球”、“九狮闹春”、“人狮呼和”等十分丰富。特别强调的是在盛清期间有卷头发的洋人，带着狮子相伴而行，似乎是当年洋人的杂技团中表演的动物，人狮呼应，十分和谐。

麒麟是古代传说中的瑞兽，《诗经》中记述麒麟不以四蹄去践踏生灵万物，不以额和角去抵触对方，说是兽中之“仁者”、“圣者”。木雕中麒麟是由狮尾、马蹄、鹿角组成的奇异神兽。常见“麒麟送子”、“麒麟吐书”等内容。

蝙蝠虽然在西方是不受欢迎的动物，在古代中国人们却十分喜爱。蝠乃福的谐音，故蝙蝠在木雕装饰中十分常见。松枝上五蝠成群，寓意为“五福捧寿”，与东海日出相合，称“福自东来”。蝙蝠常见在木雕的边饰中，开光的外围图案间。

鹿，比喻快乐，也是爱情的美喻，鹿以仁德而聚群而居，是和合之征兆。鹿也是禄的谐音，“高官厚禄”更是人们祈求的愿望。

鹤，是祥瑞和长寿的象征。木雕中常见有“松鹤延年”、“寿星驾鹤”，暗喻贤才隐逸于大自然中祈求延年益寿。

羊和象同是吉祥的“祥”的谐音。羊，古时羊与人的生活密切，是重要的家畜之一。木雕中有“苏武牧羊”、“三羊开泰”等吉祥图案。象，象牙也在当时被视为珍宝，也常见木雕有卷头发的洋人引象而行的图案，人象和谐，神情优美。

鹭，水鸟。常见木雕中与莲花结合，或振翅欲飞，或静觅野食，或独立莲池。鹭鸟和荷花暗喻男女相欢，幸福美满。

鼠，男人的意思，木雕中常见为葡萄松鼠，一般都认为是松鼠偷葡萄，事实上，葡萄暗喻女性，松鼠暗喻男性，应是游戏葡萄，表达男女愉悦之情。鼠更是多子多孙的象征。

兔，别名“明视”，瑞兽，兆天下太平。《礼记·典礼》中说：“凡祭祀宗庙之礼，兔曰明视。”兔是长寿和爱情的象征，神话中嫦娥与玉兔相伴，忠诚相守，永不分离。

木雕中还有螳螂、蟋蟀、金龟、蝴蝶、蜻蜓等飞虫走甲，与野塘草花结合。

这些似乎被人看不起的“雕虫小技”，充满生命的气息，趣味性极强，也是最生动的木雕题材之一。

浪漫和纯洁的爱情题材也是木雕重要的内容之一。比如鱼和莲，有首古诗《江南》，“江南可采莲，莲叶何田田，鱼戏莲叶间。鱼戏莲叶东，鱼戏莲叶西，鱼戏莲叶南，鱼戏莲叶北”。鱼暗喻男人，莲暗喻女人，说鱼与莲戏，事实是表述男女爱情。鱼和莲，鱼和水的木雕题材丰富而且构图和谐完美。尤其在内房装饰中鱼水之情，鱼水之欢，充满浪漫情调的题材始终是民间笑谈和传颂的主题，无论对于士大夫或平民百姓，这样的木雕题材总会给家庭带来欢乐，使生活空间充满情调。

荷花表示“和合”。而葫芦和石榴寓意多子、多孙。这些男女结合，祈求传宗接代的题材，无疑是男尊女卑观念的直接写照，也自然成为木雕的重要题材。

灵芝表示如意，桃子是寿的象征，竹报平安，松、竹、梅岁寒三友，象征着坚

◎雕窗局部 麒麟

◎窗格芯 鱼水图

◎雕腰板　花卉图

◎腰板局部　博古图

贞不屈、高洁品德等等。

相传饮用枸杞和菊花的茶水可祛疾长寿，称杞菊延年，因此亦常见菊花和枸杞图案。红豆象征相思，橘象征大吉，佛手象征幸福，芙蓉象征荣华富贵。

春天的柳，夏天的荷，秋天的菊，冬天的梅，四季花卉，也是木雕常见的吉祥植物的题材。这些四时花木和四季景色意为四季平安，丰富了木雕的题材，也超越时空，使冬天看见夏日荷塘清凉，夏日感受冬天梅花高洁。

水草和水草花，自然是木雕的主要内容。采用水草和水草花以及水中的游鱼题材，是因为木结构建筑最怕火，而水生动植物是辟邪的象征物，因此被广泛应用。木雕中还有一种浅浮雕的水草，有水莲和蜘蛛以及不知名的水生植物，几个昆虫，有飞的蜻蜓，有跳的青蛙等，十分生动可爱。

清中期，因为金石学的影响，出土的商周铜器、唐宋宝瓶，也都成了木雕静物的题材。海外进贡的珊瑚、角杯等异域奇珍异宝等也叫博古，也成为木雕的题材被广泛应用。

木雕中常见变体的文字，如龙凤图案的寿字、福字、禄字，这些吉祥文字，以夸张和意象的形式出现，似文字但又如卷草龙凤图案，含蓄而生动。

木雕中的宝物有八仙中的八宝，如渔鼓、宝剑、花篮、荷花、葫芦、扇子、阴阳板、横笛，分别是八仙手中使用的仙物，称“暗八仙”。有文人雅士的琴、棋、书、画。八吉祥中的法螺、法轮、宝伞、白盖、莲花、宝瓶、金鱼、盘长，称八吉祥纹。

工匠可能识不了几个字，甚至可以不识字，但对于他师承的吉祥图案了如指掌。对于这些用雕刀一刀一刀建立起来的图符形成的内容如数家珍，他不知道什么叫“艺术”，可他知道这种手段是他谋生的技法，是日渐积累而得到的。

房屋里的主人，与这些祈求吉祥的图符终日相伴，从中感受人生美好的愿望，忘却生活的劳累，世事的忧愁。

七、建筑木雕的人物题材

建筑木雕的人物题材也相当丰富。明代木雕的人物形象尚不成熟，雕刻以程式化为主。到清初开始以人物题材为主，同时人物形象逐渐成熟，开创了木雕题材的新局面。

木雕中的仙、道故事比较常见，人们通过仙、道故事，祈求长生不老的美好愿望。八仙过海中的八仙分别是张果老、吕洞宾、韩湘子、何仙姑、铁拐李、汉钟离、曹国舅、蓝采和。八仙超凡脱俗，道骨仙风，代表了社会各界不同的人物，有当官的文士，有乞讨的浪人，有男、有女，是人且仙，亦人亦仙。工匠若能雕好八仙人物的性格、神情，也就掌握了表现不同人物的木雕技艺。明式八仙人物大多五彩贴金，透雕镂底，人物脸面对称，表情凝重，布局严谨。清式八仙人物表现形式丰富，或坐或卧，神态各异。另有醉八仙，各有醉态，神情怪异。尚有树根八仙，如根如仙。仙非普通人物，工匠可以随意创作，但须有道骨仙风。

建筑木雕常见“刘海戏钱”、“合和二仙”、“寒山拾得”等题材，童身仙形，十分可爱。

和合二仙，说的是唐代高僧寒山和他的搭档拾得与人和善，人缘极好，其含意是众人和合、吉祥如意，表现了和为贵的思想，同时也是婚姻和合、夫妇和谐的欢喜之神。另一种说法是：寒山和拾得都为贫僧，曾隐居天台山，二僧情同手足，相依为命。木雕中多是生动传神的人物形象，寒山手捧和盒，拾得手持荷花，二人相视而笑，栩栩如生。

刘海戏金蟾，传说刘海是五代宋初的著名道士，本名刘操，传说因纯阳子点化

◎门腰板　根八仙之二仙

而出家；刘海所戏的金蟾为三条腿的蟾蜍，被认为是灵物。在传统木雕中，刘海戏金蟾与和合二仙以及八仙称十二神仙。

◎牛腿　和合仙人

门神是门窗木雕常见的题材，以二位古代英雄秦叔宝和尉迟恭的形象出现，人物造型非常成熟，形象威严。这些人物形象大多选自当时有一定名望的人物画家的范本，有着相同的表现风格和一致的形象定位。

二十四孝是儒家学说中教化子民孝敬父母十分普及的故事，在木雕中尤为丰富。一幢建筑整套门窗腰板便有二十四块，有的是十二块，一块腰板分述二孝故事，连续的画面如同一本连环图画。所选孝子具有广泛的代表性，为社会各阶层树立了孝顺父母的榜样。有“孝感动天”、“戏彩娱亲”、“鹿乳奉亲”、“单衣顺母”等二十四个故事。

◎窗格芯局部　人物

在宗祠里，常见“岳母刺字”、“苏武牧羊”、“忠义烈女”等内容，这些家喻户晓的故事，是儒家思想在社会中传播的重要内容。似乎宗祠内的木雕都是和儒家学说有直接关系的题材。

当时广为流传的板画图书《英雄谱》中的忠人烈士，树立了为统治阶级服务的榜样，也是民间津津乐道的人物，有着丰富的故事性，这样的题材自然被广泛地在建筑木雕中应用。

建筑木雕中常见祈求功名“加官进爵”、“五子登科”、“魁星点状元”、“状元及第”等积极向上的题材，激励男儿勤奋上进，光宗耀祖。反映市人乡民生活的渔翁、樵夫、农人、读书人的内容，也是家喻户晓，普遍应用在建筑木雕中。传统社会是农业经济社会，反映农耕文化的纺纱、织布、种桑、养蚕、缫丝等题材也通俗易懂，广为流传。

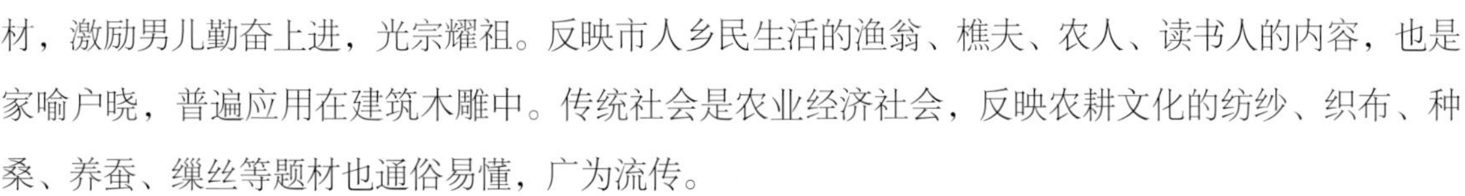

文人诗会、酒会的内容更具浪漫气息。早年曾见一件木雕“刻烛赋诗”图，描述的是古代文人在照明的蜡烛上刻线，轮流命题吟诗，蜡烛燃到线上而诗尚未成者要罚酒的游戏。画面上高士三五，对坐于明月柿树之下，仆人侍立左右，文士或沉思作诗，或捋须静待，神情十分专注，画面充满隐逸浪漫之美。

◎窗格芯局部 仕女图

◎窗格芯 人物

建筑梁架木雕中常见八蛮进宝图。四方来朝，八蛮进宝，是国家繁荣、民族团结的象征。木雕中常见有高鼻子凹眼睛的异国面孔的进宝人物，骑大象等坐骑，身着衣冠亦都有异国风情，手持“珊瑚”、“象牙”、“犀角”等奇珍异宝向中原进贡的情景。事实上，所谓进贡是一种贸易，朝中必会赏赐进贡者中原宝物特产，以货易货而已。但朝野总是说四方来朝，八蛮进宝，满足自大的虚荣心。

从远古的尧、舜至夏、商，至秦、汉、唐、宋、元、明、清，历史故事在建筑木雕中均有反映。人们可以从“周文王访贤”中知道周朝，从“三顾茅庐”中了解三国，从“高力士脱靴”中认识唐代，从“岳母刺字”中知道宋代，木雕成了学习历史的教科书。木雕也是欣赏古典名著的一种途径，人们不一定熟知这些古典名著的全部情节，但对“桃园三结义”、“赵子龙救孤”、“关公送嫂”、“三英战吕布”、“孙悟空三打白骨精”等故事情节如数家珍，对画面中的 “空城计”、“单刀会”等了如指掌。

建筑木雕是戏剧故事的极好舞台。这些民间广为流传的《拾玉镯》、《打渔杀家》、《放鹤亭记》、《杨家将》、《水漫金山》、《游园惊梦》等等戏剧故事是江南乡村年年要在祠堂里表演的剧目。工匠根据演出剧照，用雕刀记录下来。在古代除绘画以外，形象记录便只有雕刻了，而这些戏剧的记录在乡土文化中有着极为重要的意义。特别是描述男女爱情故事的戏曲如《西厢记》、《红楼梦》等人物形象更是家喻户晓，对于《西厢记》中的“白马相会”、“张生翻墙”等津津乐道，《红楼梦》中的贾宝玉、王熙凤、林黛玉等人物故事情节更是老少皆知。

建筑木雕中还有人们熟知的唐人诗意：“牧童遥指杏花村”、“夜半钟声到客船”、“春宵一刻值千金”等，这些诗画意境的句子使画面充满文雅气息，是诗词意境用画面呈现的结果，也是诗画雕完美结合的具有文人气息的作品。

木雕人物题材还有表现历史文人雅士的《四爱图》中的“和靖爱梅”、“渊明爱菊”、“茂叔爱莲”、“羲之爱鹅”，以及“太白醉酒”、“米芾拜石”、“陆游品茶”等高士绝爱。亦有反映世俗生活的“诗书传家”、“闺房乐”、“秦淮船女”、“逛青楼”等内容。

祈求“福”、“禄”、“寿”、“喜”的“郭子仪上寿”、“麻姑献寿”、“全家福”、“万寿亭”、“麒麟送子”、“福寿双全”、“连生贵子”、“鹿鹤同春”等等更是十分丰富。

喜闻乐见的民间故事也是建筑木雕传播的内容。在当地很有影响的民间传说，善恶分明，传播着道德教化作用，传播着惩恶扬善的思想。这些民间传说的版本“十里不同”，因此雕刻画面和故事情节各有不同，显得十分复杂，有时在木雕画面中难以辨认。

记录民俗风情的建筑木雕，有乡村重要的节气，难忘的活动，“闹元宵”、“取水”等庙会、社戏，能够勾起人们欢乐的回忆，使经历这种热闹场面的人在木雕作品中引起共鸣，同时也为传承民俗风情起到记录和扩大影响的作用。

木雕也是儿童启蒙的最好教材。老人们指着木雕告诉儿童说：戴方头巾的是谁，有长胡子的是谁，骑白马的是谁……因此，木雕是儿童极好的形象课本。

“春色恼人眠不得，月移花影上栏杆”、“老妇画纸为棋局，童子敲针作钓钩”的闲情逸趣家居内容十分普遍。反映相夫教子、父慈母爱的画面也时而可见。传播乡土生活和生产劳动的场面，深刻反映普通民众生活的内容，更加容易被大众接受。勤劳持家、勤劳致富是传统社会追求的美德标准，也是建筑木雕传播教育功能义不容辞的责任。

明清时代，建筑木雕中的题材是儒家传播的重要途径。众所周知，中国美术史有相当一部分是由佛教美术建立起来的，对于儒家美术的概念尚未有具体的表述，事实上人们最密切相关的民居中和宗祠内木结构建筑中的装饰正是传播儒家文化的重要媒介。值得一提的是至今尚未发现有佛的形象雕刻在宗祠和民居建筑木雕中，其中的原因也有待进一步探究。

木雕渗透在江南明清广大乡村的实际生活中，包括历史事件、小说故事、戏剧剧情、民间传说、道教故事、儒家学说等，反映了有关民俗节日、人生礼俗、娱乐和衣食住行的方方面面。

◎牛腿 狮子

八、江南明清建筑木雕的审美

对于建筑木雕的欣赏，不同的人群有不同的见解，雅人俗爱，俗人雅品。

初次接触木雕总是被其深雕甚至繁雕所吸引，这些需要时间手工雕琢的木雕是古人不计工时创作的结果。工匠为了有名气，为了能够被人雇佣，极尽智慧和勤奋，努力施艺。但由于更多的工匠在审美上有其明显的局限性，文化素养和对美的理解上的不同，因此过多的施雕反而削弱了清雅之美，无法在作品的精神上把握，造成繁雕缛饰的后果。但幸好社会上更多的普通大众能够接受繁复的作品，并且始终有其群体，直至今天。

木雕技艺以模仿画本为主，大多数工匠的文化修养和技艺造诣并不高深，缺少深层次的内涵和意念上对美的理解和领会，也无法做到充分的概括，无法体现诗情画意，无法随意念而用夸张、抽象等手法来表达主题，更无法掌握透视、比例等技术要素。这些雕刻复杂的作品，是无法代表明清木雕的总体水平的。优秀的木雕能直接以刀代笔体现文人意境，表现笔墨手法，是中国画艺术运用雕刀硬碰硬创作的另一种表现，更是士大夫在审美理念上的直接体现，我们把这种少数作者创作的少数木雕称为江南地区明清时代建筑木雕重要的代表作。

木雕注重以刀代笔，由刀法体现笔墨意境。用不同的雕刀，运用指力、腕力、臂力、腰力，腕转指压，腰扭臂行，聚气凝力于钢刀之锋，形成所需求的深、浅、粗、细的线条，由线条建立画面，又在面上适当挑、压、划出点线，以补画面之遗漏。这种由点、线、面建立的木雕表现形式是中国画的延伸。中国画运用墨的浓淡和色料的深浅渲染，而木雕则运用刀法的粗细、深浅达到阴阳的效果。无论从画意或雕意来看，最后的审美意趣都是基本一致的，即由形态的建立，到神态的升华。

刀法美表现在纯熟和流畅，美在简练，用最简单的数刀便形象生动地表现要表达的画面，行如流走的刀法是在长期木雕创作实践中积累的技法，也是工匠雕刻水平的直接体现。简练和粗俗是两种截然不同的品性，简练是美的充分概括，是技艺的升华；而粗俗则是劣质的表现，是技艺不足的反映。

大梁以仰视观赏，故雕刻角度是平面，无须考虑两侧的立体效果。牛腿则是半仰视并且需三面观赏，故必须要求立体的视觉效果。

门窗木雕需考虑开门关门时使用的轻便和摇转时的使用强度，腰板以浮雕为主，而顶板可以用透雕。室内装饰木雕更接近生活，与肌肤接触，故要光滑、精致。

在批评木雕作品时，人们总会说："刀法呆板，图象混乱，神情迟钝。"赞美时总会说："刀法流畅，形象生动，神情兼备。"这虽然是有些教条式的评价，但已基本概括了木雕审美的大意。

木雕技艺上的好坏并不是这简单的评语可以说明问题，重要的是利用雕刀用不同表现技巧，即用刀法表达线、点、皱和印痕琢迹，达到诗情画意的景物和神情。有些作品初看似乎简单，但倘若用心交流，就会发现有不同于常规的表现美的结果，这种富有个性的作品是需要有发现的过程的，而这种独特的表现手法为木雕丰富了美的内容。尽管这些匠人可能不被当时的人们接受，甚至连后学者都没有，但是，在大量的实物资料研究和比较中发现，这些作品有深厚的技术技巧功底和匠意，给观者以视觉上的美妙感受，也是充满智慧和富有个性的匠师经过几十年经验积累创作的结果，更是千百年来民间雕刻艺术传承和升华的直接体现。

如果说木结构建筑中的大梁、雀替、牛腿是雕塑艺术的范围，那么门窗木雕中的浮雕更接近

◎ 梁饰　母子象

◎ 月梁　三狮图

◎牛腿局部 龙鸣笛

于绘画。琴棋书画的意念都可以相通，何况木雕是先画后雕，是绘画艺术的立体表现。因此，木雕有着无可非议的诗情画意。

唐人诗意是建筑木雕常见的题材，这些主要描绘人物但又有山水景色的诗意在木板上表现得虽然只有一句，如“夜半钟声到客船”、“黄河远上白云间”，但无论如何谁都会联想到该诗的上句和下句，感受到全诗的诗情诗意。

中国传统诗词运用高度的概括和简约的字句表达无限的意境，深藏更丰富的内涵。而木雕在有限的板面上表达丰富的人物故事、远山近水、鸟语花香，追求画面上的诗风词韵，以达到物外有物的境界。

东晋画家顾恺之说：“手挥五弦易，目送归鸿难。”意思是人物神情表现要在画面之外，笔墨之外。人物雕刻更难，木雕要表现“目送归鸿”，是工匠最极致的造化，眼睛是心灵的窗户，透露的是人物深层次的感受。优秀的匠师不能停留在画面上形的描绘中，要上升到神，以神气象形，以形写神，并且出神入化。有的木雕的人物刀法简约，走刀流畅，形象夸张，承袭了汉时画像砖高古的神韵。有的人物饱满丰润，流露着浪漫的情感，体现了大唐画风的气韵。

人物有其传神，动物亦有意气，物与物之间的交流，体现人性化的精神，在优秀的明式木雕中表现得淋漓尽致。

山水景物是有形的，可以直接描绘，但水、风则是无形之物，如树木花草的摇动，人物衣饰的飘动，山体倒影，鱼儿游动，无水且有水，无风且有风，这些雕外之“雕”便是另一番意境了。

木雕中的乱刀山水雕法，是模仿中国画山水笔墨的点、皴笔意。初看杂乱无章，且有施刀的法则，远观十分神妙。

绘画讲究笔墨，而木雕追求刀法，深入浅出，运行流走，点划印压，无不为画面而营造。千刀万刀无一刀是树，千山万山无一刀是山，意境尽在乱刀之中。许多木雕是以明清画本为基础的雕刻题材，体现了江南明清绘画的审美共识。

木雕中的浅浮雕作品中的高低、深浅的浮起，板面在光线的作用下，阴阳相交、浓淡相映，视觉上形成无可非议的水墨效果，达到和中国画一致的审美意趣。木雕纯熟的技艺、流畅的刀法，形成的刀痕琢迹如同音乐谱线，流淌着优美的音符，让人感受到钢刀谱写的乐章之美。

画忌停滞之笔致，雕忌硬呆之刀法。优秀的雕匠一旦启动蛰伏的雕刀，也启动了心智，意随心动，心随手转，手随刀走，行如流水，聚一手同法，成一板同风。宁静中有飞动之势，衣纹间飘然而起，眉发逸扬而活，顿时静中有动，一板中充满生机。或高士、稚童，或静物八宝，或花鸟鱼虫，或高山流水，或亭台楼阁，无不在变化的山气水色中，无不在艳阳白云下，无不在春风明月里。

木雕中的浅浮雕作品，在极薄的立体中压缩着准确的透视和比例，可远观，可近赏，如工笔小品。这种完全表现了文人画意的浮雕作品自来便是士大夫阶层和文人学子欣赏推崇的，更是文人雅士直接参与起样，甚止直接操刀的结果。

梁架木雕中的结构与装饰的巧妙结合，使梁架生硬的建筑功能因为梁架木雕的过渡和应用呈现出壮美的视觉效果，使梁架虚化了支撑屋宇的功能，近似成了唯美的艺术品。

即便在彩漆的木雕作品中，工匠依然要表现刀法，这些刀法虽然半藏在彩漆中，但充分概括和流畅的刀痕琢迹仍是体现作品品性的重要标准。

复杂不等于精致，简单不等于低俗，中国艺术的精神在于神似，出神入化，而门窗木雕艺术在神似的成就和文人绘画方面有一致的追求，无论是明式门窗木雕中的龙和神兽的形象，简单的构图，表现了力量和精神。即便是几只小鸟也是充满情感，相呼相应，渲染美好的气氛。

◎牛腿局部　和合仙人

明清建筑木雕的价值从雕刻本身来说由三个方面组成：1、木雕的工，指木雕作品所花费的工时，深雕浅刻，建立的图案和画意。2、木雕的技，指用工创作过程中作者对木雕的技术，表现的运刀手法技巧。3、木雕的艺，指在施技中表达作者对木雕作品的创作思路和审美理解，体现作者对图案和画意的深层感悟，以及运用技艺达到的传神。上述几个方面只是概念性的评定，事实上工和技、技和艺之间交融在一起而无法剥离。繁复的工巧适应了一般大众的目光，简洁的艺术为知艺者提供高雅的享受。江南地区的明清木雕则更注重后者的追求，也是木雕技艺最高的境界。

明清木雕从遗存实物的价值来说，也由三个方面组成：1、年代久远，时代特征明显，品相完好。2、艺术水准高超，经典的优秀代表作。3、画意独特，存世稀有，具有唯一性。

这三方面也可以用“精奇古怪”来概括，但真正价值的评定还是因人而异、因时而异。

因人而异指的是每个人对艺术作品有自己的评判，在内心与作者构创的意境相合或相冲都会有直接的反应。因时而异，指时代对于明清木雕作品的研究和理解，不同时代对于艺术作品的评价是有时代共识和时代风尚的。

◎牛腿 刘海戏钱

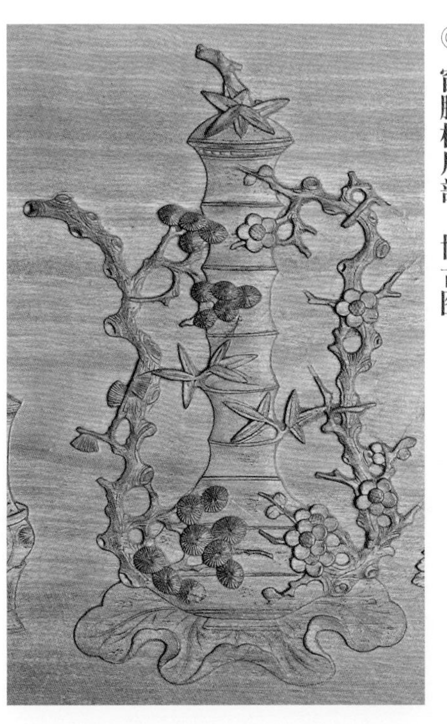

◎窗腰板局部　博古图

◎窗腰板局部　博古图

特别强调的是明清江南建筑木雕的古旧美和木雕价值有一定的关系，古旧美表现在木雕在一定久远的时间的作用下呈现的古朴之美。清水木雕的细致的风化，如同肌肤纹理，称之谓肌肤纹。而有色彩的则已褪去浮彩，留下凝重的古彩，斑驳中带着岁月的沧桑，形成古雅之美，也是明清木雕价值的一种绝好的体现。人多仿古作旧者不知古美真谛，旧脏不分，做得脏黑不堪入目。

“人有人品，物有物性”，木雕大多应该归纳在人们通常认为的民俗艺术和民间工艺的分类中，有着强烈的民俗性。在雕刻手法上，运用夸张、变形和写意为主的表现手法，使画面充满和谐之美，风趣韵味，更有俗尽雅来的感觉。同时，也有一些木雕是由文人直接参与画样，甚至操刀的作品，雅人俗作，创作出有诗画情趣的雅品。尽管这些作品存量不多，却把建筑中的木雕提升到“文人”的主流艺术中。

优秀的建筑木雕中的艺术成就已经超越了“概念”上所谓的民间艺术范畴，是民间艺术的重要组成部分。但希望学界、收藏家或爱好者能改变艺术审美中无谓的“民间”、“文人”和“宫廷”的分界。美是视觉上的赏心悦目，没有社会层次的界定。传统艺术习惯上把文人士大夫的作品和民间工匠制作的工艺作品以雅俗分类，对工匠的作品多少有些偏见。但是从史前到商周秦汉，中国美术史多数是由民间艺术成就谱写的，这是无法争辩的事实，一切艺术源于民间。

◎老屋塌毁

第二章

江南明清建筑木雕的沧桑和收集

建筑木雕的沧桑

建筑木雕的收集

◎窗格芯 人物

一、建筑木雕的沧桑

江南明清建筑木雕中能够遗存下来的这部分实物资料是幸运的，特别是精美的代表作能够传世，能够让后人感受乡土建筑环境和生活空间美的创造，是不幸中的大幸。

20世纪初，中国推翻了有几千年历史的王朝，结束了家天下的封建社会，但迎来的是一个动荡不安的民国时代，“革命尚未成功”，封建余毒依然危害中国文明的进程。不久，日军的入侵，八年抗战，好不容易胜利，却又是几年内战。经年的战争，社会蒙受了深重的创伤，已经很少人去认真营造精美的建筑，很少人去精工细刻木结构建筑的装饰，建筑木雕因无人关注而灰尘厚积。

20世纪中叶，建立了新中国，多数中国人迎来了生活的新希望，社会发生了翻天覆地的变化，富家大户的财富全面易主，土地的均分使耕者有其田，让农民实现了在自家土地上劳动和收获的快乐。一幢精美的四合院的主人不管是绅士还是土财主，都分割成几户人家，贫农们欢天喜地地搬进去，富家大户的旧主人分得一小部分厢屋过地主、富农生活。四合院分割成几户人家，有的增加楼梯，有的中堂砌一道砖壁，有的方方整整的道地中央砌上粗糙的隔墙，东西厢从院子中分离开来，这些状况至今仍然在农村老宅中可以见到。同时，这些建筑上的装饰木雕也随房子的分割而各归其主了。一套门窗上的雕刻应该是完整的故事，如“八仙过海”，东厢有“四仙”，西厢有“四仙”，而如今已各分东西，即使是一套堂门，一条檐廊也有了几个主人，几对牛腿也各归几户人家了。

古代木结构建筑从来便是整体的建筑艺术品，融入了中国传统的生活观念和审美意趣。人为的割裂使千年承传的老建筑和老建筑中的木雕装饰的整体艺术效果消失了。

在那个年代，分家具也是土改的重要内容，一套完整的中堂椅子，常常是地主少，贫农多，每人分一把，各自搬回家。椅背上雕刻的渔、樵、耕、读等故事情节，各人一把，四散于贫农人家，而当时的贫下中农大多数都不识字，不知雕刻的内容完整性的意义，更不知雕刻水平如何，反正社会变了，这些木雕家具只是一件能够使用的器物，雕刻的好坏已不再重要。

土改时的木雕不至于人为地毁坏，只是失去了它原有的完整性。破“四旧”和“文化大革命”期间才真正是建筑木雕装饰的一场灾难。

红卫兵打着“反封建”的旗帜，开始了“打、砸、抢”。而这些木雕上的内容又恰恰是“帝王将相”、“才子佳人”，是当时革命的对象。红卫兵们谁都有权、有理由去毁坏任何村庄、任何家庭的古代木雕。明清建筑中的牛腿和大梁，门窗上的格子和木雕腰板、顶板，家具中千工床

◎老屋塌毁

的前帐，大柜的门面和椅子的后背等雕刻部分用刀铲掉，并认为铲得越彻底显得越革命。现在成为国家级文物保护单位的浙江宁海岙胡古祠堂里的古戏台，当人们欣赏戏台雕刻的成就时，村里老人总会说："原来的雕刻构件还要多得多，拆下的牛腿、雀替堆了一大堆，文化大革命烧掉了。"从祠堂和戏台的结构上看到，梁柱之间有许多安装牛腿的榫卯，凡有人物雕刻的可以拆下的木雕构件，已经不见了。

现在走进江南古村落，建筑木雕人物的头和脸被铲掉的随处可见，有些动物也被铲掉，甚至连走兽和花鸟也没有逃过利刀的杀戮。现在看来无法理解的事，在狂热的"文革"运动中却是理所当然的。经历过这个时代的人们记忆犹新，往事并不如烟。

从遗存的明清建筑木雕的总体数量来看，更多的是在破"四旧"和"文革"期间被毁损，完整留下来的是少数，幸免于难的主要有几种情况：一是主人不舍得被铲毁，主动提前用蜊灰涂盖在木雕上蒙混过关；二是把门窗中的部分木雕拆下来藏在谷仓里，或藏在阁楼顶，或转移到不被人知的亲友家。至于那些当时早已出名的建筑则很难保留下来，太引人注目了。因此现在会有很多老人指证谁家老屋的梁架木雕烧掉了，谁家的门窗木雕敲掉了。

在浙东海边的一些村庄中，人们实在不忍心用利刀杀戮这些自古崇敬的祠堂里的木雕人物，便拆下刻有吉祥题材的木雕构件，用船运到海面，放在大海里，任其漂流，但涨潮的海水随风浪也会将木雕飘回面向大海的宗祠墙根，这些木雕神奇地依然留恋百年相守的宗祠。在宁海沿海村落中一些老人们还会经常带着十分神秘的神情，说起这些木雕人物从海水中飘浮回来的往事。

"文化大革命"期间，毁掉的文物不胜其数，更可悲的是传统风俗和审美理念也成了灾难的根源，人们恐惧艺术，恐惧美好的一切追求。亘古而自然的美好生存空间的营造和热爱，在生命危机的时代终于改变了，一切为了活命。

上世纪八十年代末和九十年代初，邓小平改革开放政策使江南经济迅速发展，但百年前的老宅由于数十年的风霜雨雪和种种磨难已经面目全非了，人们开始建造新的水泥结构的房屋，开始了居住环境的变革，更多人住进了新式洋房。而老屋几年不住人，便会失修而迅速倒塌。同时在浙江和安徽的旧家具市场内，古代木雕已成为古家具交易的一部分，买卖十分活跃。在这些市场里可看到商家把精致的清水浮雕涂上铜粉后销售，他们认为购买雕板的人是因为雕板上有黄金，涂了氧化铜粉来冒充黄金。平常在市场中收集木雕的时候，经常收集到一些这样的雕板，后来又用香蕉水洗净，还其本来清雕面目。不久后，清雕板值钱，一些商家又开始把涂金着朱的真朱金雕板用浓水泡掉，洗出清水木纹雕板来，使朱金之美破坏殆尽，至今市面上这类木雕板还可以看到。

木雕作品本来便是岁月的牺牲品，在正常使用的情况下，很难千年传承，虫蛀、霉变、日晒、潮湿无不侵害其机体，但人为原因刻意去毁灭是史无前例的。同时，由于无知去改变古人原创时真实面貌，这也是时代的无奈。

二、建筑木雕的收集

在我小时候，江南老家的山上看不到碗口粗的树，连野刺根也被挖掉当柴烧，村民们吃草根树皮，饿死好多人。曾经富饶、繁华，有过优秀民间木雕的江南，在二十世纪五十年代和六十年代因政治原因和自然灾害的影响，人们面临了生存的挑战。

那时候家里尽管很穷，但心中也没有因为贫穷而自卑，从懂事起，正是轰轰烈烈的“文化大革命”期间。同学们普遍贫穷，但学校老师教育说我们是生在新社会，长在红旗下，是最幸福的贫下中农的下一代。

父亲偷偷去卖甘蔗，去烧蛎灰，搞“资本主义”，虽吃粗粮，尚不至于饿肚子，但总是穿姐

◎塌毁的老屋

姐穿旧的花衣衫，长袖卷起，总会掉下来，女式花棉袄虽然极力用外套遮掩也还是因为太长，露出花花的下一段。

我年少时是没出过远门的，去宁海城里也是十三岁那一年随学校活动，外面的世界一点都不知道。历史课都是农民起义史，唯有唐诗宋词还编在课本里，也都是田园、景致的吟唱。学校里上课时，举着毛主席语录，喊毛主席万岁，万万岁；每天都要唱“东方红”和国际歌，每天都要高呼政治口号。回家来便去割猪草，干农活，下海摸鱼，帮助父母养家糊口。我草草度过了六年的半农半读糊糊涂涂的求学岁月。

1977年，特别弱小的我认认真真地做起了农民，实在是因为体力难支，无法承受高强度的农活，便重新找书来读，希望从书本里找寻谋生的出路。

我读书也完全凭兴趣，爱的是诗词，在诗词的评点中了解历史人物和年代概念，从诗词的韵律中感受传统文化艺术的美妙。那时候我热衷于写诗，凭着感觉写。

爱上古家具和老木雕也是缘于历史概念的触动。2005年出版《江南明清民间椅子》一书，我在序中写过：“十多年前，我调查古民居，在宁海海边的一个叫下浦

◎窗格芯　凤凰

◎牛腿局部 人物

村的村庄里看到一幢四合院，鲜明的盛清风格，石刻门首上有‘乾隆’字样。四合院中堂有一套完整的堂后屏风，屏风前是一案桌，案桌前是八仙桌，两侧则是两把官帽椅，这样的摆设近二百年来似乎从来没有改变过。尤其让我惊奇的是，屏风和建筑上的门窗格子风格一致，案、桌和椅子的造型、装饰纹样、工艺手法完全相同，从古旧程度上看，也同属一个时代，我几乎可以肯定它们是由同一工匠制作。二百年风风雨雨，古代生活空间的遗存，虽然经历了沧桑竟有如此顽强的生命力，顿时书中的历史变得清晰起来，变得具体到近在眼前，仿佛乾隆盛世伸手可触。”

不到两年，我收集的旧物已堆满了我家仅有的一间老屋，而最大的问题，我已经迷恋上了这些人家将要废弃的旧物，开始“不务正业”了。为了直接参与收藏和经营，我无奈才去上海摆地摊卖旧货谋生，主要是卖宁海及宁海周边地区的木雕，从那时起，我便把我认为精美的收藏起来。

摆地摊时的情景一生难以忘记。在上海，我进入了一片全新的天地，在国内当时知名的旧货市场里见到了许多从来没有见过的旧物和人物，有全国各地送来的民间古旧器物，也有掏宝者中有学者目光的“老法师”。摆地摊是要蹭坐在街边，前面铺一块塑料布，排上木雕，买主站在你的前面，然后会有一些人用脚尖踢着他要的雕板问：“小宁波，花板多少钱？”我抬头朝上看他十分高大的身躯，告诉他要卖的价格。也总是会砍去大半，然后成交。还必须要面对一些认为玩古董可致富而好吃懒做的坐过牢的人，他们游荡在古玩市场，总是欺负我身材小，半偷半抢地趁天亮之前拿走我的旧物。还要面对治安的联防队员，从船上上岸，天还没有亮，从码头下来要挑着旧物走一段路，才能到福佑路旧货市场，中间常会被联防队员打着手电照牢，然后是停下检查，查完了说是里面有文物，当时文物禁止交易和携带，潜意识便是坐牢，那是最怕的事，然后你得连哭带求说这是旧工艺品，并不是什么文物，这时还要送些小物品给他们，才能放你过关。

最麻烦的还是从外地收集回家途中碰到的竹木检查站，检查站是为保护森林而设置的。但旧屋料、旧家具，当然还有旧木雕竟也成了检查内容，一旦被路上拦住，首先开单子说充公没收了，然后会有不熟识的说客再叫你买回来，许多次磨光口袋里的钱才终于放我回家。有时为了避开竹木检查站要租拖拉机寻找最偏僻的险路翻山越岭几十公里才能绕过。从浙南回宁海的三门县的岭口检查站，从浙中回宁海的嵊县长乐检查站，都是让人心惊胆战的关卡，也都经历过没收又买回来的惨痛过程。现在这样的检查站已经取消了，但在偏远的山区，依然还有人私下拦车靠此“挣钱”养家，远离家乡的我当然只有留下“买路钱”。

九十年代初，在上海地摊上，我的同行有段时间总是偷偷卖着什么，很神秘。终于我发现，他在卖一种不上朱金色彩的老雕板。这种浅雕、木本色的阳起浮雕，十分清雅。后来他对我公开了秘密，当我仔细欣赏这类精致的木雕时，惊奇万分。他卖得十分开心，而我却被他卖得心痛不已，如此精美的古代木雕，怎么就这样贱卖呢?

我不知他从何处收购来的，到处打听，终于知道叫湖头的地方，有文人意境的清水雕板的遗存。赶紧去离家一百多公里的这个旧家具收购专业小村，才知道这个村庄做古家具和古门窗的生意十分兴隆。

当时我手头流动资金只有几千元，在这个小村的生意人家中选中一套六扇门，一间价格要一万多元，只好用4000元买了其中二块堂门回家。

我终于可以认认真真地去看这两块门窗格子和门窗腰板了，特别是腰板，浅雕山水人物，整体布局严谨，人物神情生动，刀法清晰可见，有水墨意境，我爱不释手。

这个浙东小村十几年中我去了无数次，走遍了附近许多村庄，在破败的村庄里了解到民居中遗存的木雕情况，在猪舍、鸡栏里寻找人家抛弃的木雕。

九十年代后期，我行走在具有东阳木雕风格的金华、衢州、丽水等浙中西地区的古旧家具市场和旧屋料市场。走遍了安徽以南的徽州地区和以前属于徽州的江西婺源地区，以及江苏的苏南地区的古家具市场，对于江南地区明清数百年间遗存的木雕有了基本的了解。对北方和中原以及西南地区的明清木雕也作了一些粗浅的调查，基本确定了江南地区木雕遗存在中国美术史中的地位，也基本掌握了明清数百年来民间木雕遗存中的精品脉络，这项工作从一开始到现在已经20多年。

精品木雕系统的收集过程是艰苦的，是点点滴滴的积累，但行走的日子里也是有快乐的。遇到一品有特点的木雕，买进会一路开心，实在是喜爱，也会忘却劳累。即便在日落秋风起，今夜不知何处落脚时，还会自编自唱“太阳下山了，鸟儿已回巢，我不知去哪里，哪里有我的家”的歌。甚至孤寂时会在破败不堪的乡间长途客车上高唱，唱得同行旅客好奇观望。

《复双记》是早年写的一篇短文，是我木雕收藏中的一件逸事，现录于此，供读者共享。

世界之大，无奇不有；分合离聚，自在缘分。然今叙之事，并非人缘，且记二物奇遇。

三年前初夏，余赴浙中，暮至朱氏人家，见一木雕雄狮，昂首前观，双眼传神，卷草尾饰，有明代遗风。问求成对，答曰："东家出售而西家不卖，故存单而待双。"奈何，虽喜其艺法，亦无以结对而舍之。

复一年，又至朱家，依然雄狮独守，如鳏夫之惨寒。朱氏亦苦难配偶，遂让于余。余得而归，亦爱之，屡屡展出携带，又惜其孤单而时露隐痛惋惜，企望有朝一日，成双结对，故时时探问朱氏。然日复一日，年复一年，终难以如愿。

匆匆三年已去，近乎失望。一日，吾师雷公天恩至余家，见雄狮，怜爱之意更甚于余。余亦感单影孤件，虽爱亦怜，既雷公爱其胜于余，遂赠于雷公。

未及半月，雷公来电，大喜告余：其在杭州市肆得木雕母狮一品，正恰雄狮之偶，大小材质气韵无不一致。余半信半疑，亦随声附和同乐。然日后赴杭拜访雷公，仔细观之，果然原配，则激动难耐。呜呼！世事纷繁，人间竟有如此奇遇，大明至今三四百年，双狮恩恩爱爱，相守如初，后世事沧桑，各分西东，数载离散。而今又相聚复双，破镜重圆，姻缘重续。此等赏心乐事美事，天下难觅也。故记之。

◎老屋倒塌

◎ 老屋倒塌

第三章

明清梁架木雕动物篇

◎浙江兰溪诸葛村古民居

◎明式梁架木雕名称示意图

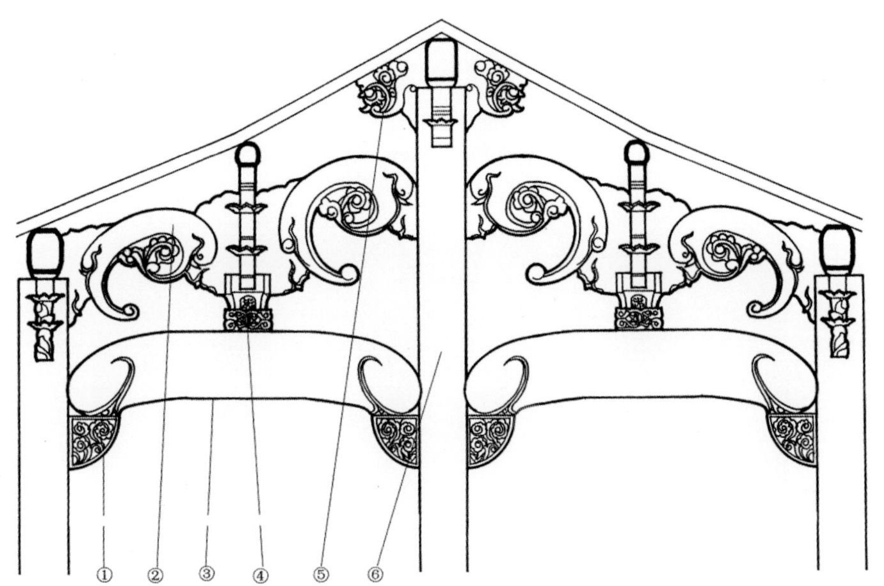

1. 角花
2. 月梁
3. 横梁（俗称冬瓜梁）
4. 斗拱
5. 梁头饰
6. 栋柱

◎肃雍堂梁柱 拱撑和斗拱

◎**浙江东阳卢宅 肃雍堂**

卢宅肃雍堂由雅溪卢氏十四世孙卢溶于明代景泰丙子（1456年）始建，天顺壬午（1462年）落成，为卢宅古建筑群之精华。

肃雍堂面阔三间，并有东西雪轩。肃雍堂梁架简约无华，朴实大气，木雕以草龙为主，卷草云纹为辅，并且施以彩料，是江南明代名宅。

（肃雍堂是国家级文物保护单位）

◎ 肃雍堂明式牛腿和斗拱

◎树德堂清式牛腿

◎树德堂清式牛腿

◎ 树德堂清式梁架木雕

◎ 浙江东阳卢宅 树德堂

卢宅树德堂建于清代道光廿九年（1849年），由前厅、中堂、后楼及中堂东西厢房组成。梁架牛腿木雕有天官赐福、双狮戏球、美鹿灵芝等题材。木雕以木色为主，略施淡墨，素雅自然，是典型的东阳木雕。

（树德堂是国家级文物保护单位）

◎浙江江山张村大宗祠木雕

囍

◎浙江江山张村大宗祠木雕

◎ **垂花柱 龙首**

明代 皖南 68×22cm

垂花柱是建筑大门两侧悬挂的虚柱，因常常雕刻花卉题材而得名。垂花柱雕刻苍龙之首，梁架等构件便自然是龙体的组成部分了。龙嘴口含一珠，珠中串一铁钩，应是挂纱灯专用。龙首张口鼓目，龙颈饰云朵如花。龙首图案粗放，气度不凡，是一品皖南建筑大门口的垂花柱头。

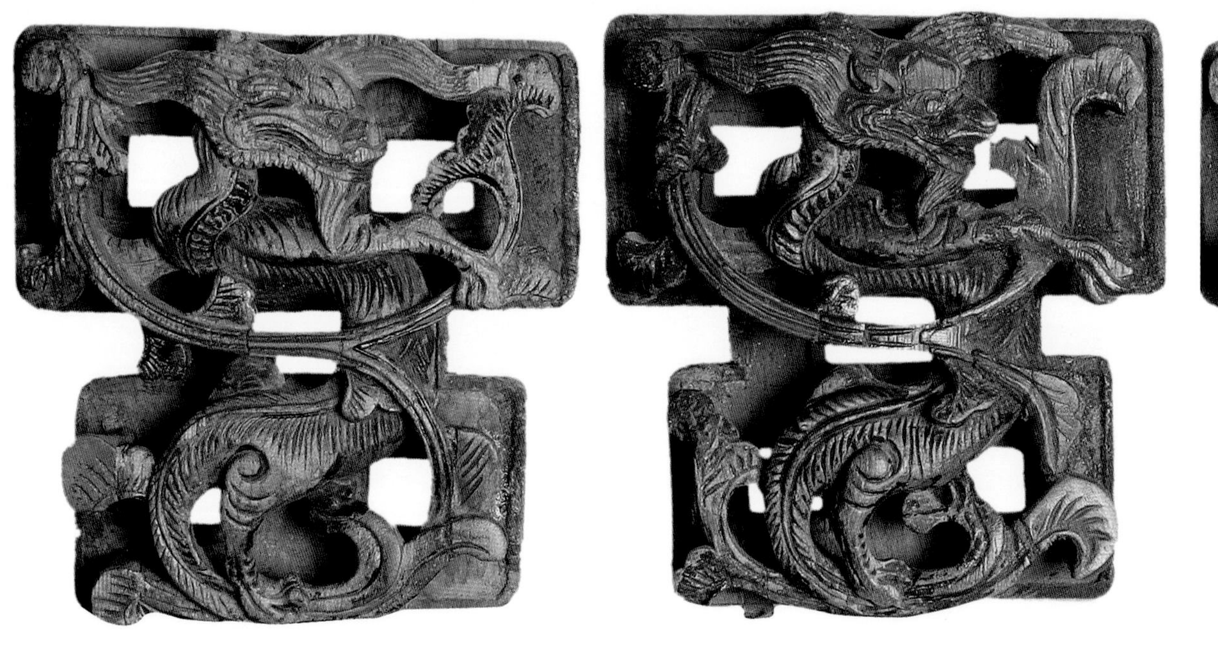

◎ **梁头饰 卷草龙**

明代 浙东 18×16cm

梁头饰是梁头末端收口处的装饰，一般是雕刻后钉贴在梁头上。龙的形象在史前便已出现，这四品木雕梁头，龙塑造成苍老古远的样子。草龙见有四腿，曲颈昂首，一尾卷草，有形有神。

◎**牛腿 鱼化龙**

明代 浙中 60x35cm

牛腿是建筑前檐梁柱间既有功能更具装饰的构件。鱼化龙从波涛中翻腾跃出，口吐清泉，形成柔和的流线，与波浪融为一体，使画面产生极强的动感，构图上建立了空灵的视觉效果。

鱼龙额头长角，鼓目圆鼻，苍古但慈祥。从刀法和纹式上看，雕刻粗刀简刻，并不注重精细，更加考虑到大气的效果，强调神情的把握。

◎ **拱撑 鱼化龙**

清初 浙中 84×35cm

拱撑是建筑前檐梁柱间结构和装饰的构件，类似于牛腿，拱撑比牛腿更空灵。

在宫廷建筑中，龙的形象随处可见，龙是帝王的化身。封建社会不容许民间使用具体的龙的形象，故民间只能以鱼化龙和卷草龙替代。鱼化龙作为梁柱间的拱撑，龙首回转可见威仪，鱼尾朝上，如飞龙天降，鱼身略呈拱形，使建筑功能和建筑装饰形成一体。

◎ **梁头饰 狮子**

明代 浙中 30×22cm

这品狮子，历四五百年岁月，依然坚守木结构建筑，尽管朝代变了多少次，东家换了多少位，建筑已经破落不堪，它依然守望民居的主人，直到破屋被人们遗弃为止。从它的脸上可见老态龙钟而且是满目沧桑。

◎**大梁残件 鱼化龙**

明代 浙中 53×22cm

鱼化龙呈典型的S形图案，口含宝珠，突目长眉，腮帮张扬，鱼翅劲放，呈现威武之状。从鱼鳞中残存的金色中看出，当时应是漆金装饰。从龙的面目旷古陌生，结合龙纹风格和木质风化表面色质，应是明代早期遗物。

◎大梁残件 鱼水图

明末 浙中 62×21cm

虽是一件大梁残件，残品中可见雕梁精美程度，也可以想象着这幢建筑的华美。人有人品，鱼亦有鱼性，这品雕鱼扁圆尾巴，体态憨厚，鼻肥眼清，嘴虽大但不见凶狠残忍，倒是有厚道的君子气息。一束回勾水波纹，巧妙地表示水体，极具装饰效果。

◎牛腿 鱼化龙

明末清初 浙中 62×29cm

鱼化龙牛腿两面对称，鱼龙呈S形流线状，藏于卷草祥云纹中间，空白处由卷草云纹充填，龙嘴喷吐泉水，即便在鱼尾开口处也见水波纹装饰，使鱼水之间融为一体。

卷草云纹的内卷处单边刻阳线的施刀手法，也是明式木雕的特征之一。

◎ **天花顶饰 双鱼图**

清中期 浙中 37×37cm

明清建筑追求『明堂暗房』，意思是中堂宽敞明亮，而房间则低矮，中堂是接待宾客的场所，需要大方得体有威仪。房间是有隐私的，应该含蓄内藏不张扬，以示家中女人内秀、贤惠、贞洁。这品堂上正中的双鱼图饰，双鱼比目而游，鱼水之情，表达了美好的爱情生活。

◎**梁架装饰 云鹤图**

清初 浙中 82×48cm

祥云为背景，仙鹤口含仙桃，寓意长寿。云鹤图云朵如珠，鹤羽、鹤翅、鹤毛刀刀可数，羽毛叠压和排列，清清爽爽，刀法中可见线条清妙神逸。

◎ **梁饰 卷草双龙图**

明代 皖南 42×26cm

梁饰是贴在梁上的装饰。明代龙的形象，昂首、张口、四腿分明，夸张而且面目苍古，尾巴细长，卷曲成草花云芝纹。在考证木雕制作年代时，木雕上龙的形象和瓷器绘画等民间美术同时代的图案基本一致，有着共同的时代特征。不同类别的民间工匠相互模仿，形成工艺美术特有的时代风格。

◎门当装饰 福禄图

明代 浙东 22x22cm

门当是门楣上首凸出的装饰，户对是门槛两侧的抱鼓，古人把建筑的门设计成拟人化，有楣有目，有口有足，有抱有座。这对福寿门当中的福禄二字，笔划雕刻成龙和凤的形象，讨龙凤呈祥福禄安康之彩。

◎ **角花 月兔狮子**

清初 浙中 32x28cm

月兔和狮子，兔子望月，情思缠绵，狮从天降，喜庆吉祥，表达了美满婚姻和幸福爱情。匠师用简练的刀触雕刻了不同动物不同的神情。

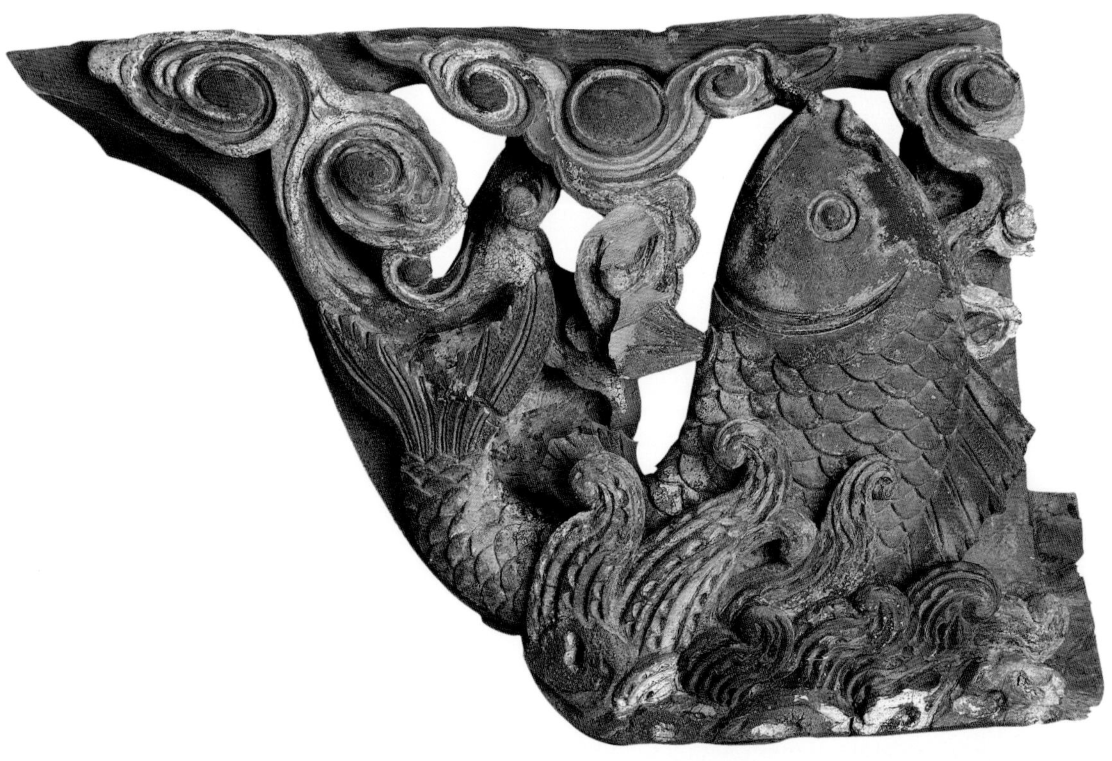

◎ **角花　粉彩鱼水图**

明末清初　浙中　39x27cm

『北人雕马，南人刻鱼』，说的是北方人因常见骏马而雕马准确生动，南方人因常见鱼类而刻鱼活灵活现，艺术来自生活所见。这四品粉彩鱼水图，鱼肥美，色瑰丽，有富贵之气。年年有余，鱼亦是财富的象征。

◎ **角花 鱼水图**

清初 浙中 35×25cm

鱼唇上提，腮帮线条圆润流走，鱼水之上，见一枝杨柳，可知春水、春风，便是春波杨柳鱼水欢的情景。木材纹理清晰，清水中残存数点墨迹，当是素色清水本来质地。江南建筑有华彩装饰，也有呼应白墙黛瓦的建筑木雕，追求木雕木质的清素效果。

◎**角花 三鱼图**

明代 浙中 35×30cm

三条肥鱼和和美美，欢欢乐乐。动物的图案构建成称心如意的形态，有着意念中的和谐之妙。简约的数刀，便表达了游鱼的形象和神情。

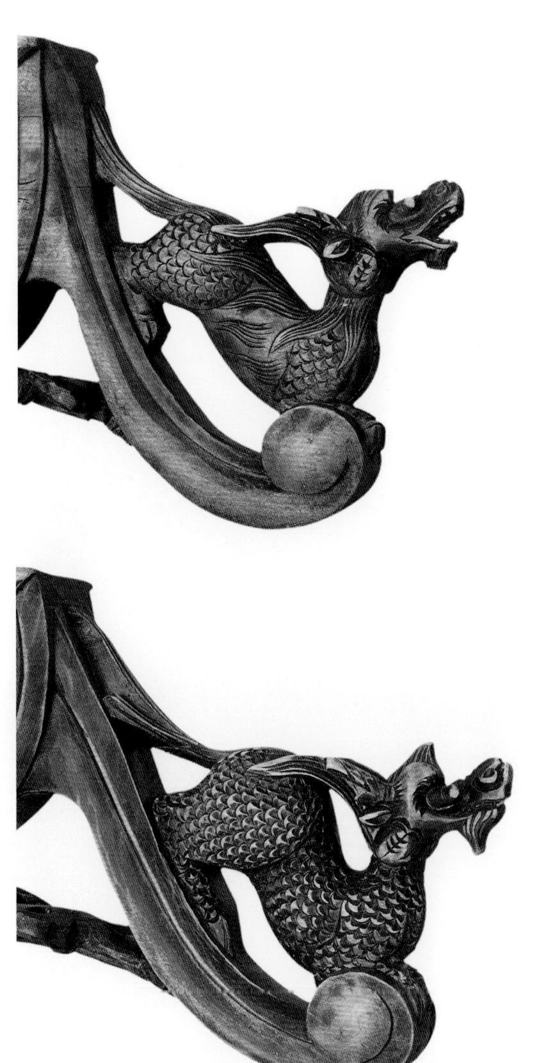

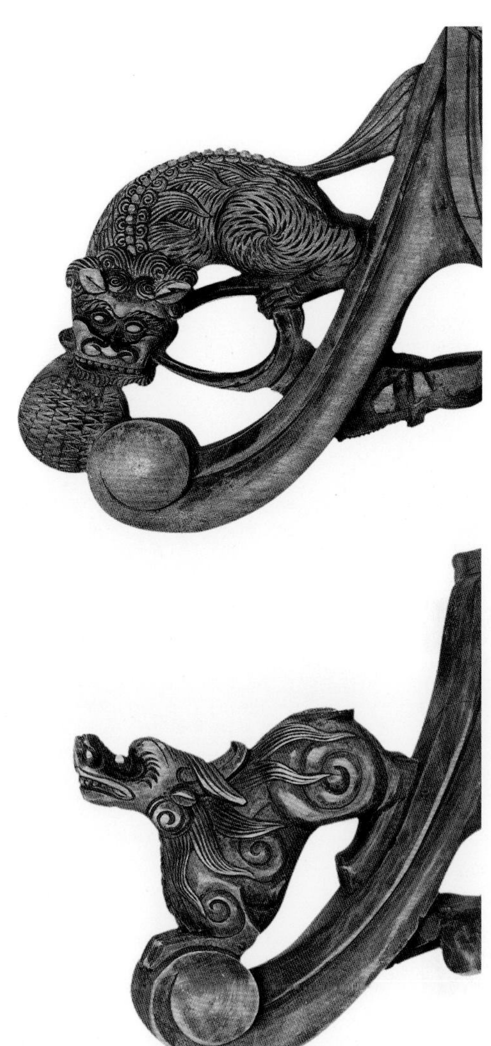

◎**梁头小饰 动物**

清初 浙中 22×16cm

木雕动物首先是造型，雕琢动物的基本形体，然后刻划皮毛、脚爪等体貌，再开面，再开眼。匠师在形体的塑造中基本确定了动物形，而在开面和开眼中升华了动物的精神。

浙中东阳木雕在建筑上的雕刻一般不打磨，追求施技用功的刀法，正如书法一样，落笔无悔，而木雕则落刀无悔。

◎**梁垫 吉祥图**
明代 浙中 95×40cm

明代木雕的时代特征之一是粗放，称『粗大明』，这种粗并非粗制滥作，而是一种风格上的追求，时代审美的特征。中国美术史中可以看到，唐宋时代的艺术风格是以大气为美，清代是追求精细精致。『粗大明』的概念是针对清代的精细而言的，在另一个角度上又体现了明代木雕艺术风格依然保持和传承了唐宋时期粗放的艺术风格。

梁垫上镂雕鹤、鹿、蜂、猴、杞、菊等动植物，应是鹿鹤同春、杞菊延年、马上封侯之意。

◎ **牛腿 太狮少狮**

明代 浙中 63×18cm

在木雕狮子中有少狮和太狮的组合，太师和少师本是官名。人们假借大狮子小狮子的谐音祈求高官厚禄的愿望。这品太狮少狮图鼓目露齿，神情憨厚古拙，可见父慈子爱之情。

◎ **梁头饰 小兔**

清初 皖南 25×18cm

凡雕塑首先应求形体，形体有骨、肌、肤组成，先有形而后有神，神来自形的把握，来自对形的细微观察和塑造。这二品小雕件因形见神，妙手得来。

◎**建筑装饰 福寿图**

清初 浙中 65×38cm

对称的仙鹤中间刻一寿桃，桃中刻『福』，鹤象征长寿，谓福寿图。仙鹤在可塑性极强的祥云纹中，可以随意变形，使木雕的构图圆润饱满。

◎**月梁 双龙戏珠图**

明代 皖南 79×28cm

龙是帝王的化身，也是由几种动物想象成吉祥、美好、充满神秘和力量的神圣之物。虽然由皇家专控其艺术形象，民间只能用变形的卷草龙来表现，但事实上，不知是天高皇帝远呢，还是其他原因，也总能够在民间见到很具体的龙的形象。这品双龙戏珠图，龙首夸张生动，龙尾藏于卷草云纹内，宝珠下一尾小鱼，似点出了东海祥龙之题。

◎**梁头饰 云龙图**

清初 浙中 42×20cm

云龙木雕形象完整，不像民间常见的卷尾草龙，龙首上昂，四腿健强，似官制的苍龙形象。可能是某代帝王曾经封赏过的建筑中的装饰，如供奉历史人物的皇封庙，或是帝王嘉奖过的功臣家祠等。

◎**角花 瑞兽图**

明代 皖南 21×17cm

瑞兽图，五彩贴金，色彩典雅古朴，瑞兽身披绶带，在海水祥云之间飞奔。有麒麟、有犀牛，有天马，构图纵横奔放，形象神逸，饶有趣味。

◎**梁饰 麒麟图**

明末 浙中 87×47cm

麒麟图，五彩浮雕，朱底浅施，黛绿恰好。木雕尺寸大，视觉上显得大气。麒麟昂首向前，神态悠闲，表现了高贵的君子之风，体现了麒麟神逸超凡的精神和品性。人有人品，物有物性。虽没有龙的神奇，没有狮的俏皮，没有鹿的清妙，但麒麟具有高贵气质，仁慈之心，让人敬重之心油然而生。

◎**牛腿 麒麟**

明末 浙中 81×40cm

古籍中称麟、凤、龟、龙为四灵，是远古传说中的神物。又称麒麟威武但不为害，不践生灵，不损草木，是人们心目中最仁慈和吉祥的神圣之物。作品刀触可数，淋漓酣畅，古旧皮色沧桑。

◎**角花 麒麟**

明代 浙中 40×22cm

民间有麒麟送子的传说，因此常见装饰在婚房外檐梁架和门窗腰板上，祈求婚后早生贵子。麒麟又是告示天下太平的吉祥物，故流传甚广。麒麟构图严谨，卷毛夸张，看似身体藏在卷毛之中，尾毛成流畅的流转如意纹，充满动感。木雕依稀可见淡淡黛粉彩料，古朴典雅。

◎ **牛腿 麒麟**

清初 浙中 48x37cm

传说中的麒麟『雄为麒，雌为麟』，汉代画像石中的形象是鹿与马之间的样子，到明清时代便已成了『麇身、牛尾、狼蹄、独角』。这对牛腿麒麟在茂木之下回首静观，可见麒为软毛，而麟为甲身，有着明显的公母之别。

◎**牛腿 祥麟吐书**

清初 浙中 58×48cm

传说，孔子做梦，见有顽童追打麒麟，孔子阻止顽童的野蛮行为，并慈祥地给麒麟治伤，还用自己的衣衫披在麒麟身上御寒，麒麟感恩，口吐宝书三卷，孔子得之，成了一代儒宗。麒麟吐书也是祈求学子学问长进，祈盼功成名就的愿望。

◎ **角花 飞禽走兽图**

明代 浙中 34x23cm

上世纪九十年代末收藏时，这四品角花雕刻的洞孔内充满积淀的自然尘泥，如同出土文物，经过小心清理，终见本来面目。原主人说他家房子上世纪八十年代初已经倒毁，一直收藏着这四品木雕角花。角花中的飞禽走兽或奔跑，或飞翔，充满运动之美。角花原本有天然色料涂染的鲜艳色彩，现已褪去，仅留下沧桑古美之色。

局部

◎ **月梁 飞禽走兽图**

清初 皖南 118×55cm

月梁是建筑廊道上方的梁架构件，承托和美化走廊上的梁架，既有建筑功能作用，又使廊道形成穹顶的空间。

月梁分三段构图，中间深雕欢天喜地图，两侧以龙纹为边饰，构成开光图案，内雕凤凰牡丹。值得一提的是一条枝蔓线条柔美，和重线勾勒的外圈形成极和谐的呼应。中间飞禽走兽相戏相和，充满动感，如同美妙的童话。

局部

◎ **梁垫 瑞兽图**
明末 浙中 34x24cm

瑞兽身披绶带，头顶祥云，脚踏海水，行走矫健自如，神态慈祥安康。从瑞兽神情上可以看到瑞兽并非人间所见动物，而是人们想象中的美好形象。把动物神化也是传统艺术表现形式的特点。

◎**牛腿 瑞鸟瑞兽图**

清初 浙中 78×47cm

浮雕花鸟题材，直角形装饰，有鹭鸶、莲花、喜鹊和梅花，分别寓意『一路连科』和『喜庆吉祥』。瑞兽形态脱俗，体现了威仪之气。

明式木雕遗存中，也看到画面复杂、构图繁复的作品，这种满工的木雕构件与素净的梁架结构形成鲜明的对比格局，通过对比，在建筑中产生了不一样的视觉效果。

局部

局部

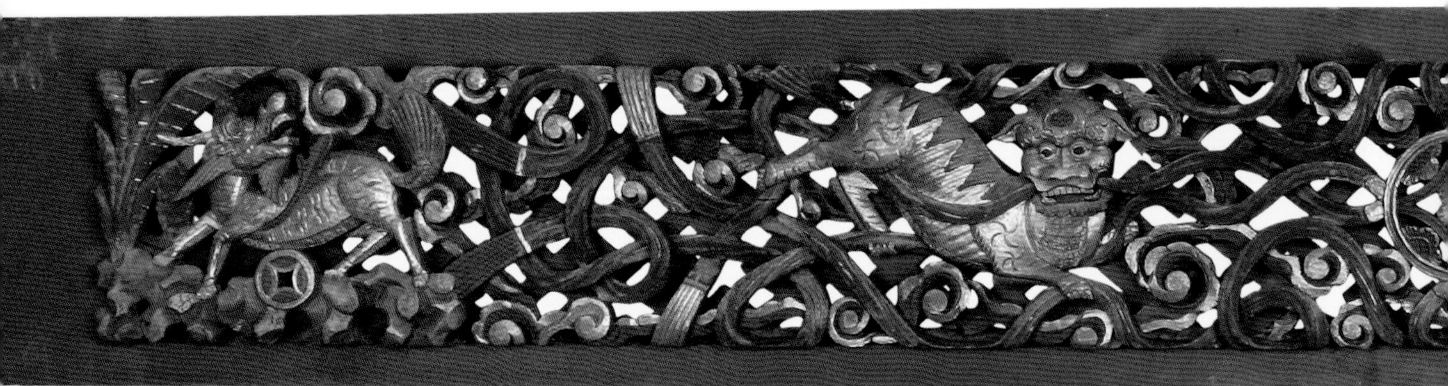

局部

◎ **雕梁 狮子 麒麟**

清初 浙中 274x33cm

镂雕大梁。镂雕和透雕不同的是透雕指雕面至底部用钢丝锯拉透而后雕；镂雕指用刀凿把底面中间镂空。也有既有透雕，又有镂雕的雕法。

大梁以万字纹为底，祥云彩带为基础，饰双狮戏球、麒麟百宝。神兽形象夸张，极具动感。彩带舞动串连整条大梁。外表施以朱砂，贴以黄金，着以青金石粉，朱金相间，色彩绚美。从雕梁中可见华屋精美程度。

局部

◎ **门饰 兽面**

明代 皖南 15×15cm

青铜时代在青铜器上已见优美的兽面纹，古时兽面不见有凶恶的造型构图，而是饶有趣味的幽默形象。这二品木雕兽面初看时好生奇怪，面目狰狞，但仔细观之，则见慈祥憨厚，讨人欢喜。

◎ **梁垫饰 花祥图**

明末 皖南 58×40cm

彩云、鲜花，分别捧出寿和喜，渲染了喜庆、长寿的美好气氛。木雕构图小中见大，色彩古朴典雅。

◎**牛腿局部 大象**

清初 皖南 62×48cm

以高度概括的手法雕塑了大象回首的瞬间，以简约疏朗的刀法刻划大象憨厚而又喜悦的情形。木雕厚厚的粉彩，现已褪去几分，可见木材质地和残彩自然过渡，呈现古朴之美。

◎**角花局部 神兽图**

明代 浙中 35×34cm

神兽线条柔和流畅，兽尾如同舞动的彩带，神情夸张，欲行且停，回头探望。神兽如羊，如鹿，如马，有陌生之感、奇异之美。

◎ **牛腿 双狮**

清初 浙中 52x52cm

不同地域的牛腿狮子也有不尽相同的工艺手法和表现形式。古代属皖南的江西婺源地区的狮子体型瘦长，牛腿如圆木形状。浙中地区的木雕狮子呈梯形。浙东地区的狮子形状几乎是接近长方形，各有特点。

这对木雕牛腿狮子张嘴鼓目，狮毛由短刀挑刻成线状云纹，素木无色。压头刻麒麟凤凰，形体夸张，神情超脱。狮子源于浙中，应是东阳木雕技艺。

◎斗拱 草龙纹
清初 浙中 80×84cm

斗拱是因斗底形如升斗，拱构承托如双手拱抬而得名。斗拱是明清建筑重要的构件之一。这品雕饰卷草龙纹的斗拱，二组六条草龙昂首平视，使斗拱成为既有体积感，又有层次感的雕塑。屋檐前廊柱上有一排用榫卯结合的斗拱装饰，可见建筑之壮观。

◎ **牛腿 双狮**

明代 浙中 60×30cm

时代早的木雕形象，觉得越陌生，越高古。由于明代以前的木雕在江南地区存世稀有，明代木雕狮子是目前能够见到的实例。从这些并不多见的实例中可见，狮子形态奇特。二品狮子，可见肉感而非狮毛，不像常见浑身卷毛的狮子，因为我们常见的狮子大多数是清代的作品。

局部

◎**雕梁 双狮图**

明代 浙中 206x35cm

浙中优秀的明清建筑檐廊梁柱间倒挂着牛腿，正屋大堂前梁上雕刻着喜庆吉祥图案的雕梁。雕梁有二种形式，一种整梁雕刻，另一种雕好后贴在实梁上作为装饰。

这品雕梁图案浮起透雕和镂雕，强调对称，即使是狮子脸部也是左右一致。雕梁上的狮子在繁复的万字纹和彩带中肚子贴底小心地爬行，好似尚未长大的幼小狮子，有弱柔之美，让人顿生爱怜之心。

局部

局部

◎**雕梁 五狮图**

明代 浙中 235×42cm

雕梁贴金着彩，飘带飞舞有力，狮子瘦骨硬朗，在狮子造型上突出狮头。『狮头凤尾』是匠师创作狮子和凤凰时要精化细化的部位，意思是说狮子主要表现头部，而凤凰则强调尾巴。

局部

局部

局部

◎ **雕梁 双狮图**

明代 浙中 172×30cm

明代木雕狮子有共同特征是形体幼稚、表情顽皮，尾饰常见程式化图案，以形写神，形拙但神情专注。双狮图构图简约、空灵，狮子稚顽可爱。

局部

◎ **雕梁 四狮图**

明末清初 浙中 164x28cm

四狮寓意四季喜庆，一般是东西厢屋大梁的装饰，东边有五狮，西边有四狮，合称九狮图。四狮雕梁起凸镂空，中间绣球透雕，外饰优美的卷草如意祥云纹图案。常有人误称『双狮戏球图』为『双狮抢球』，『抢球』不符合喜庆和谐的祈求。正像松鼠和葡萄应是『松鼠戏葡萄』，而非『松鼠偷吃葡萄』。

局部

局部

◎**牛腿 双狮**

明末清初 浙中 63x45cm

明式的狮子雕刻造型简练，工匠善于用概括和夸张的手法并用，用刚劲有力的线条雕刻威严而且憨厚的神情。这种简练的木雕表现手法和明式建筑有同样的艺术形式追求，形成明式建筑一致的整体艺术风格。

二件明代狮子的身上没有卷毛，是用浅刀刻出祥云纹狮毛，清秀的纹理和古怪的狮头形成对比，建立了木雕作品的差异之美。

◎**牛腿 五彩双狮**

清中期 浙东 46×38cm

清式木雕狮子装饰，有的披红戴绿系着项链和响铃，追逐彩色绣球。这些木雕形象是模仿舞狮表演时的情景，艺术形式具有舞台表现力，更加逗人喜爱，也具喜庆吉祥的视觉感染力。狮子的骨骼在肌肉内，狮子的卷毛在形体外，构图程式化，这些由里而外的塑造使作品神情更加清逸。

◎ **牛腿 双狮图**

清中期 浙中 78×46cm

一般狮子头上和周身都披着卷毛，但这二品狮子在粗放的卷毛中能看见四肢肌肉有明显的起凸，表现了强壮之美，雄健之美。木雕中可见流畅而且柔和的卷毛曲线，婉转成珠的祥云，乱刀挑就的狮毛，由美的一刀一线整合而成，工匠用不同形式的刀法巧妙过渡合理地结合在一起。

◎牛腿 双狮图
清中期 浙中 40×35cm

狮子一经人性化的演绎，形象更丰富。匠师把自己喜爱的人的脸相和人的个性特征，以狮子的形象表达出来，通过狮子，对人本身形象的表现，抒发自己的情感，这种创作意念在具有原创能力的匠师手上得心应手，一些普通的工匠亦会按样模仿。

◎**牛腿 双狮图**
清中期 浙中 64×36cm

狮子近于长方形构图，以回钩纹仿山子作底座，显得坚实稳固。狮脚雄壮有力，威武自生；脸上鼓目大嘴，表情憨厚古朴。二狮虽公母不同，但神情相同，高古之气一致。

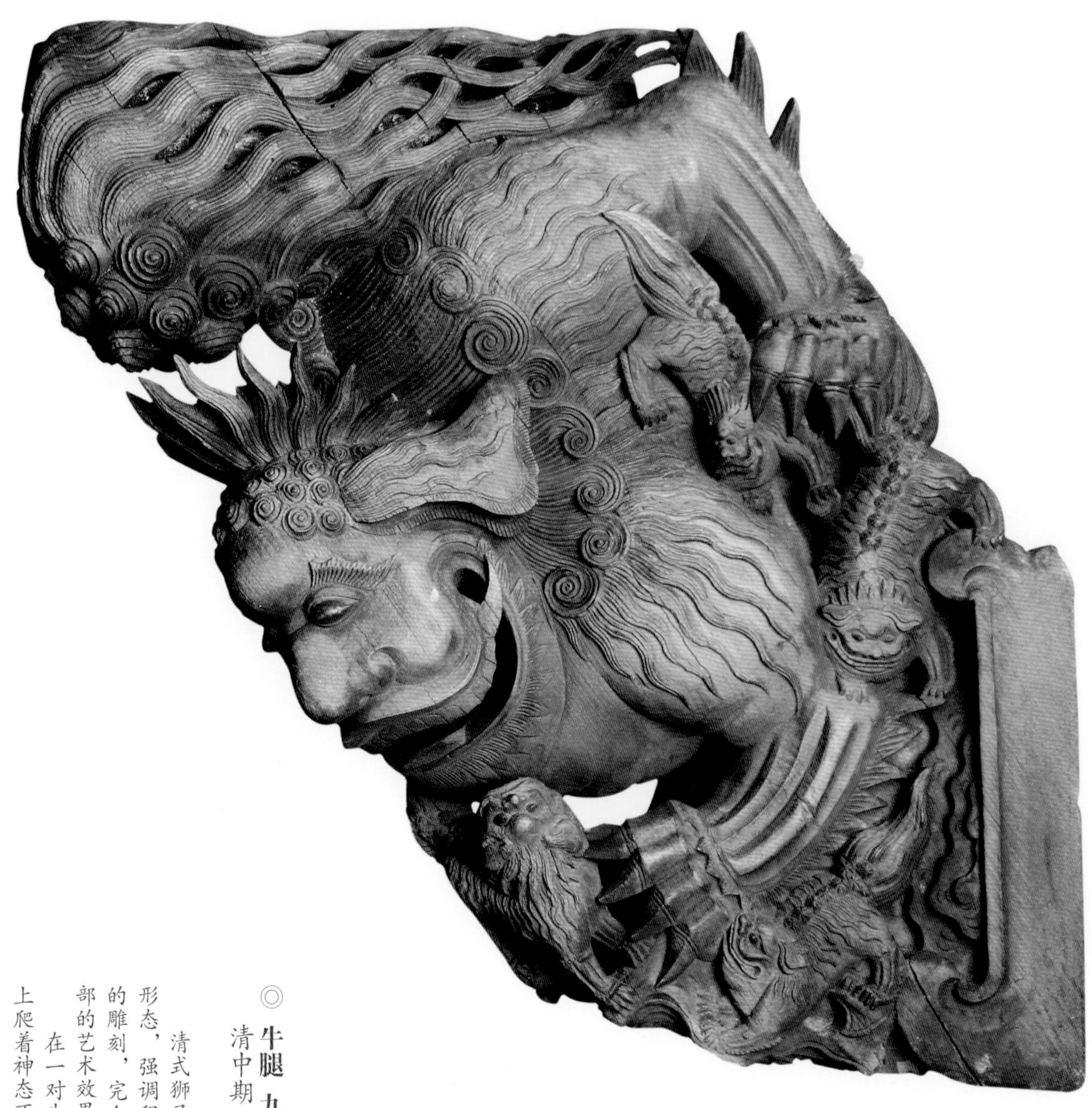

◎**牛腿 九狮图**

清中期 浙中 58×55cm

清式狮子的特点之一是不求狮子本身的实际形态，强调程式化、图案化的创作。尤其是卷毛的雕刻，完全以装饰为主，追求优美的线条和局部的艺术效果，强调精致和精细。

在一对牛腿上雕刻公母二狮，在二只大狮子上爬着神态不一的七只小狮子，称九狮图。

◎ **牛腿 九狮图**

清中期 皖南 138x52cm

这是一对特大的九狮图，当时见于市场，八十年代末，许多境外商家争购牛腿之时，故索价甚高，爱其大而完整无损，工艺精湛，借款购得。从狮子的体量看，建筑的规模是恢宏的，屋柱直径需大于牛腿。我无法想象这对牛腿拆下时的情景，是因为拆迁而毁屋拆牛腿呢，还是因为拆卖牛腿而毁了建筑？

九狮图雄师携幼狮三只，母狮抚幼狮四只，大小共九狮，九狮闹春，喜庆热烈。

局部

局部

◎**雕梁残物 幼狮**

清初 浙中 36×26cm

虽是雕梁残件，张口伸舌，鼓目露齿，形体十分夸张，神情幼稚可爱，是一品生动活泼的少年狮子。

◎**月梁 三狮图**

明代 浙中 90×30cm

月梁色彩残留二分，皮表老气古朴，狮头扁而且对称，四腿纤细好像尚未发育，似乎连狮头都难以承重，弱小无力，使观者顿生爱怜。

◎**月梁 三狮图**

明代 浙中 80×30cm

闭嘴、鼓目、昂首，是明式木雕风格特征之一，没有精致狮毛雕琢，有人们常说的『粗大明』特点。狮子远看十分精神，温顺中有气韵，简约中见瑞气。

◎**牛腿 金彩双狮**

清中期 浙中 72×45cm

狮子是兽中之王，也是建筑的守护神，在狮子尚未进入中原之前，人们总认为虎是最凶恶的动物，因为在古代经常有虎伤人的事件，故虎乃凶兽恶虫。传说中狮子的力量超过老虎，故以兽王狮子来对付老虎，狮子用来辟邪也就是理所当然的选择。

金彩双狮鼓额凸目，张嘴露齿，口含彩带，色彩瑰丽。

◎**牛腿 三彩双狮**

清中期 浙中 60x47cm

建筑木雕中各种不同的狮子，有的正襟危坐，有的侧头相望，有的守抱双腿，有的慈祥抚幼，呈现出各具神态的形象。或威仪，或顽皮，或慈和，性格各异，人们总喜欢把物比人，以人对应物，千狮百态是千人百面的真实写照。三彩双狮，眉目呈优美的装饰图案，着色已经褪去七分，但残留色料更具古朴典雅之美。

局部

◎**牛腿 双狮图**

清中期 浙中 65×54cm

一般认为明式木雕风格以清初康熙雍正为最后的界限，但从越来越多的有据可证的清代中期的木雕和家具遗物中发现，明式木作和雕作的风格在乾嘉间还在一些地区传承着。

这是一对嘉庆款的依然有明式木雕风格的牛腿作品。

◎**牛腿 粉彩双狮**

清中期 浙中 62×45cm

狮子原来生活在非洲，相传是在东汉时期传入中国，这种被认为是兽中之王的猛兽成了辟邪的符号后，广泛应用在当时的建筑上。狮子装饰一般公母成对，雄师是前脚戏绣球，母狮前脚抚幼狮。雄左，母右，牛腿置于建筑廊檐下梁与柱之间，已成为固定形式。

粉彩雄狮毛发装饰上特意变化，狮身由泥鳅背直条组成，母狮由水波纹装饰，雄狮耳朵上有如来发般的卷曲，母狮则由三层直纹组成。

◎ **牛腿 双狮**

清初 浙东 58×36cm

明式狮子的另一个特点是在写实的基础上，夸张地表现主体图案中的局部。如狮子的头面、卷毛，动作大于现实中狮子的肢体活动范围，夸张的形体使狮子更具活力，更具动感。

◎ **梁垫饰 三甲图**

清初 浙中 52x52cm

图中蟹有甲壳谓甲其一，蟹钳夹水草是甲其二，鸟之嘴甲钳蟹脚是甲其三，一环连一环，故称三甲图，意为连中三元，祈求功成名就。

◎ **大梁 莲花图**

明代 浙中 265x22cm

大梁上的木雕构图简单，可以在大梁上一木连雕。一些构图复杂、用工量大的大梁木雕会把承重的梁体和装饰部分由二根木料分开制作，待雕饰完工后，用榫卯贴合组装，这样能使雕刻部分不会因为大梁梁身的木材变形而造成雕刻图案的变形，也使贴梁能够选择易雕的木料。

这品莲花图大梁分三段拼接，是以装饰为主的贴梁。木雕成色古朴，图案是夏日莲塘野趣，花叶之间疏密有致，表达了莲开结子的美好愿望。

◎**梁垫 仙鹤图**

清初 浙中 25×21cm

两翅半展，鹤身藏于丰翅之下，曲颈长甲，口含灵芝仙草，构成优美的团鹤图。鹤和芝寓意长寿。

◎**梁头雕饰 麒麟**

清初 浙中 20×15cm

木雕艺术追求用简单的方法，表现物体的形态和神情，用利落的刀痕琢迹，以点线面构成图案。这品木雕麒麟曲嘴鼓目，夸张的形体和面部表情，可见工匠有一定的造型概括能力。

◎**小梁托 母子象图**

清初 浙中 23×23cm

母子象在圆形开光中构图饱满，大象和小象的线条也是由弧线勾勒而成，并且线条流畅。从画面上可以看到，大象小象满身雕刻浅地祥云纹，在深浮雕的形体上慢刻细致的纹饰。匠师通过母子象的形体和眼神的交流刻划出母慈子爱的感情。

局部

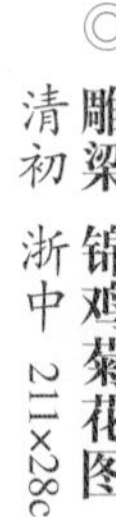

◎**雕梁 锦鸡菊花图**

清初 浙中 211×28cm

二对锦鸡或展翅，或欲翔。菊花枝叶繁盛，迎阳绽开，花开正面呈图案化和程式化，不见侧面花或花蕾。花朵可数，枝叶清楚，层次分明，材质、旧色俱佳。符合明式木雕图案特征。

从这件雕梁上看，可以了解作者创作时的耐心，不求眼前功利的精神。只有收得住心，不求眼前功利，才能有如此精炼的木雕作品。

局部

局部

◎雕梁 鹭鸟莲花图

明末 浙中 211×28cm

鹭鸟代表男性，莲花代表女性，鹭鸟游戏于莲丛中，祈求着美好的爱情和传宗接代的愿望。一路连科，指功名及第，连中秀才、举人、进士。

雕梁通过精雕细镂，已不见了木梁的底木，只看到莲塘茂盛的景象和鹭鸟戏莲的夏日风光。作品本有五色彩绘，经过几百年岁月已褪去大半色料，呈现出古朴之美。

局部

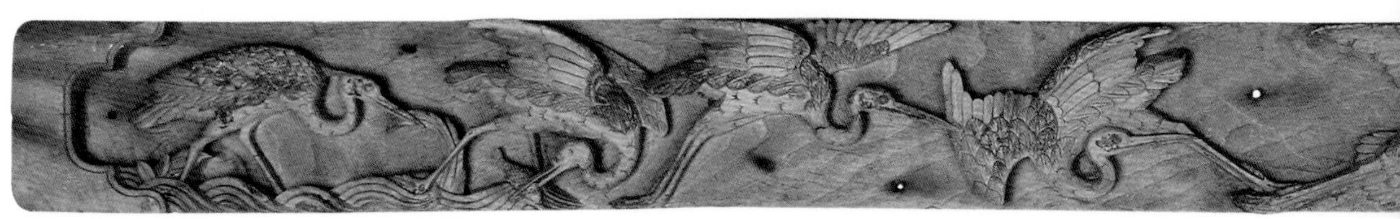

◎**雕梁 百鹭图**

清初 皖南 216x14cm

大梁上的白鹭或落地未定，或振羽欲飞，或展翅高翔，或翻身转向，或独立小息，或游浮戏水，姿势不同，神情不一，表现了民间工匠对白鹭细致的观察和高超的艺术表现技法。

艺术品的艺术高度是追求写真，艺术品的艺术顶峰是表现神情，神情的刻划需要悟性，需要合理的构图，熟练的运刀，巧妙的点化等细节的把握。这二件小梁中的鹭鸟，匠师利用钢刀在木头上硬碰硬地施艺，做到从动物形体的把握上升到动物神情的表现。

◎**雕梁 松鹤图**

清中期 浙中 214×16cm

将松树和仙鹤图案压缩在一条宽25公分、长290公分的空间中，显示了匠师构图的大胆和自信。木雕准确地表现了仙鹤在苍松间的生活情景，松枝松叶在镂雕的空灵中延伸。仙鹤飞翔、行走、静休，皆神态自得。

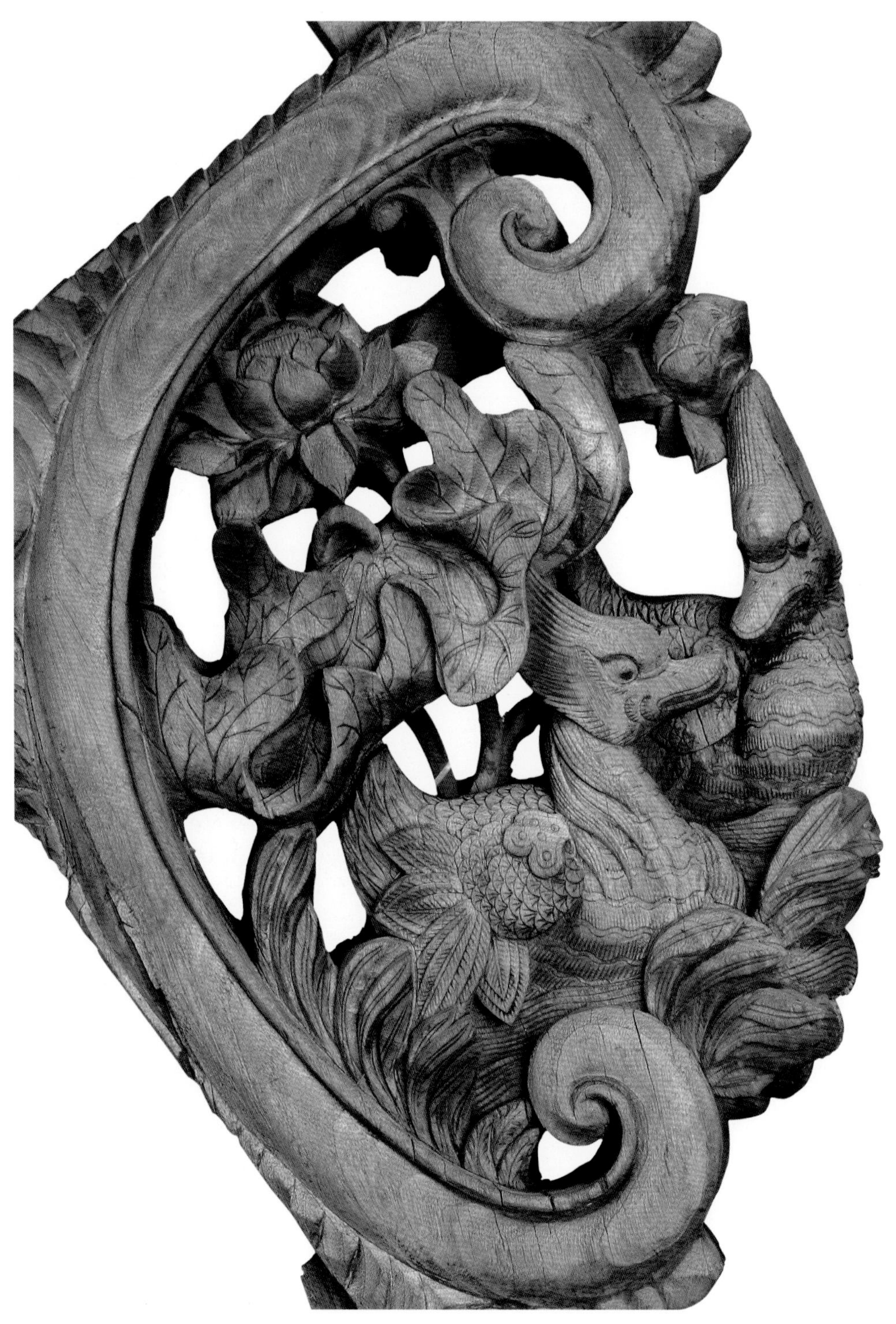

◎ **牛腿 鸳鸯**

清中期 浙中 48×40cm

明清木雕收藏时异品难求，这对鸳鸯牛腿是明清建筑木雕题材少见的作品。仔细观察，鸳鸯恩爱相知，形影相随，并且古拙生趣，形美神逸。

◎ **梁饰 花卉图**

清初 浙东 44x48cm

花卉图强调花卉的主题，隐去绿叶，即便是莲花也由五朵盛开的花朵为主。牡丹、莲花代表女性，花卉呈月圆形代表花好月圆之意。匠师在团花的施刀中充分考虑空灵的效果，合理处理花朵和枝叶的布局，使花卉图案达到完美的视觉效果。

◎ **梁饰 鹤『生』**

清初 皖南 84x22cm

两鹤之间捧出一日，日中有一『生』字，鹤口中含桃，仙鹤和桃子寓意长寿，日中『生』字且不知何解。木雕构图饱满，对称和谐，粉彩尚有七分完好，能见当年美色。

◎**牛腿局部 凤鹤图**

清中期 浙中 66x62cm

凤凰栖于梧桐，仙鹤相依苍松，分别寓意富贵和长寿。凤鹤立于树下，或引颈回首，或昂首远观，或振羽展翅，形体超脱神逸。作品运刀一气呵成，禽颈由乱刀雕琢，乱中见有规律，灵动得法。

◎**牛腿 凤凰梧桐**

清中期 浙中 66x43cm

《诗·大雅》有：「凤凰鸣矣，于彼高冈。梧桐生矣，于彼朝阳。」《山海经》记载，丹穴之山有凤凰。所谓朝阳的山谷，象征吉运瑞兆。也因为凤凰出于丹穴，所以别称为丹凤。凤凰是百鸟之王，有非梧桐不栖之说。

◎**牛腿 凤凰图**

清晚期 浙中 70×48cm

凤凰象征光明与和平，寓意一切美好的事物。如『凤藻』，用来形容文章之美；『凤凰于飞』，形容夫妻恩爱和睦；『龙蟠凤逸』，比喻有德并有非凡之才。但在清末，晚清政权曾经由女性掌握，出现了威严或凶狠的凤的形象，可见凤首压着龙首的图案。

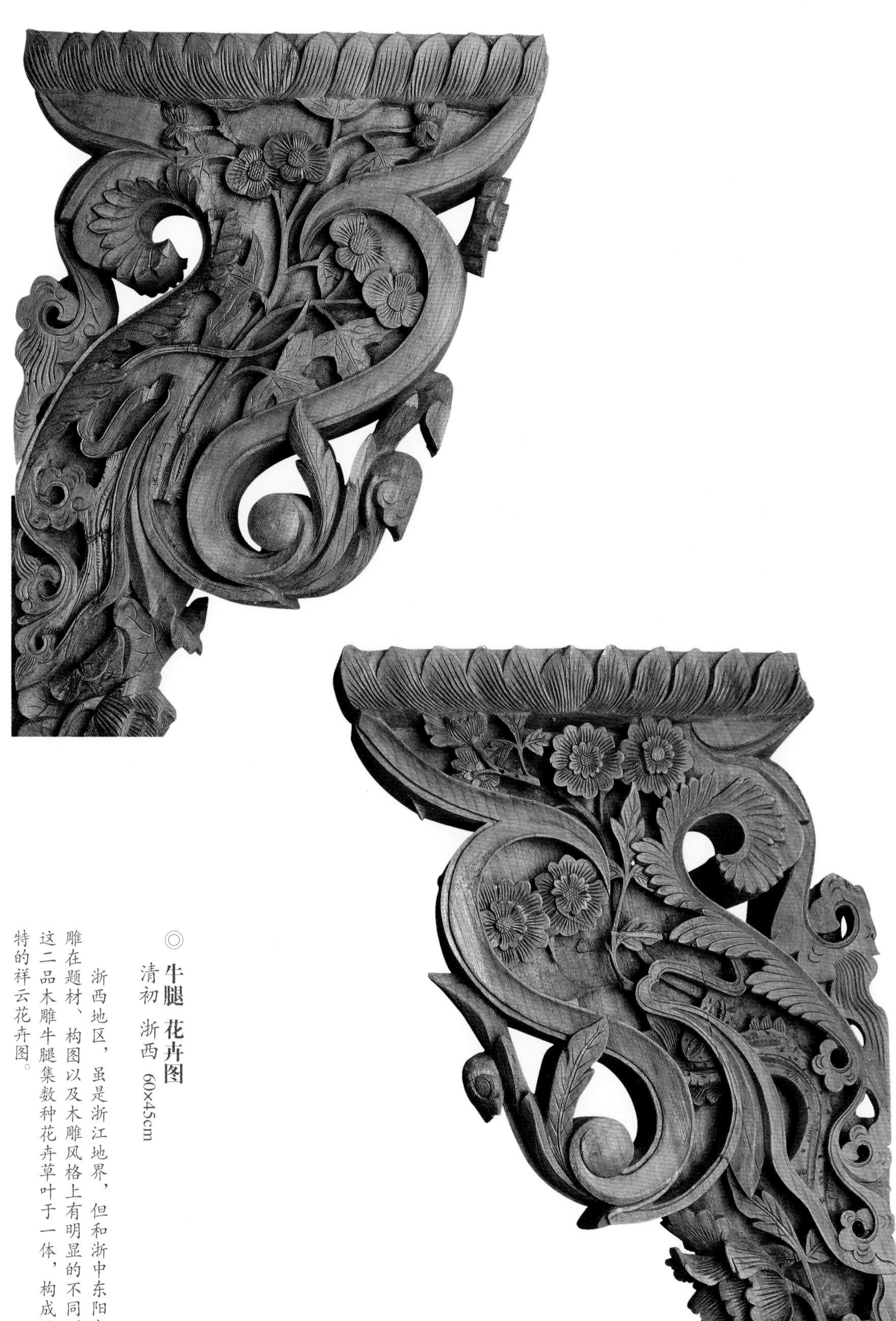

◎ **牛腿 花卉图**

清初 浙西 60×45cm

浙西地区，虽是浙江地界，但和浙中东阳木雕在题材、构图以及木雕风格上有明显的不同。这二品木雕牛腿集数种花卉草叶于一体，构成独特的祥云花卉图。

◎**牛腿 凤凰牡丹**

清初 浙中 74×55cm

这是一品清早期的遗存，可惜只有单件，另一件不知是损毁了呢还是流失于何处。

凤凰一大一小，相呼相应，牡丹疏密有致，作品皮表二成古旧，犹感纯熟之美。特别强调的是凤冠和羽毛雕刻成程式化的卷珠纹，变异成虚构的图案，产生了变幻的视觉效果。

◎ **牛腿 凤凰图**

清中期 浙中 72×38cm

古人把凤凰描绘成『鸡头、蛇颈、龟背、鱼尾、五色，高六尺许』，和龙一样是集几种动物于一身的神物。这件镂空的木雕已看不见坯料的形状，但木料中镂雕出一枝梧桐树，梧桐树下，牡丹三二朵，凤凰立于其中，昂首独立，顶上一冠如火般的如意，着重表现了丹凤。整件牛腿构图空灵飘逸，梧桐、牡丹、凤凰层次分明。

局部

◎牛腿 雄鸡图

清中期 浙中 72×38cm

杨柳树下，三雄争辉。鸡，吉的谐音，寓意吉祥。鸡的形态惟妙惟肖，或低首觅食，或抬头探视，或回转呼应，表现了匠师对鸡敏锐的观察力。从刀法上，羽毛的表现形式，或如垂杨，或如利剑，或如花蕾。简约中见层次，既概括生动又见刀脚干净利落。

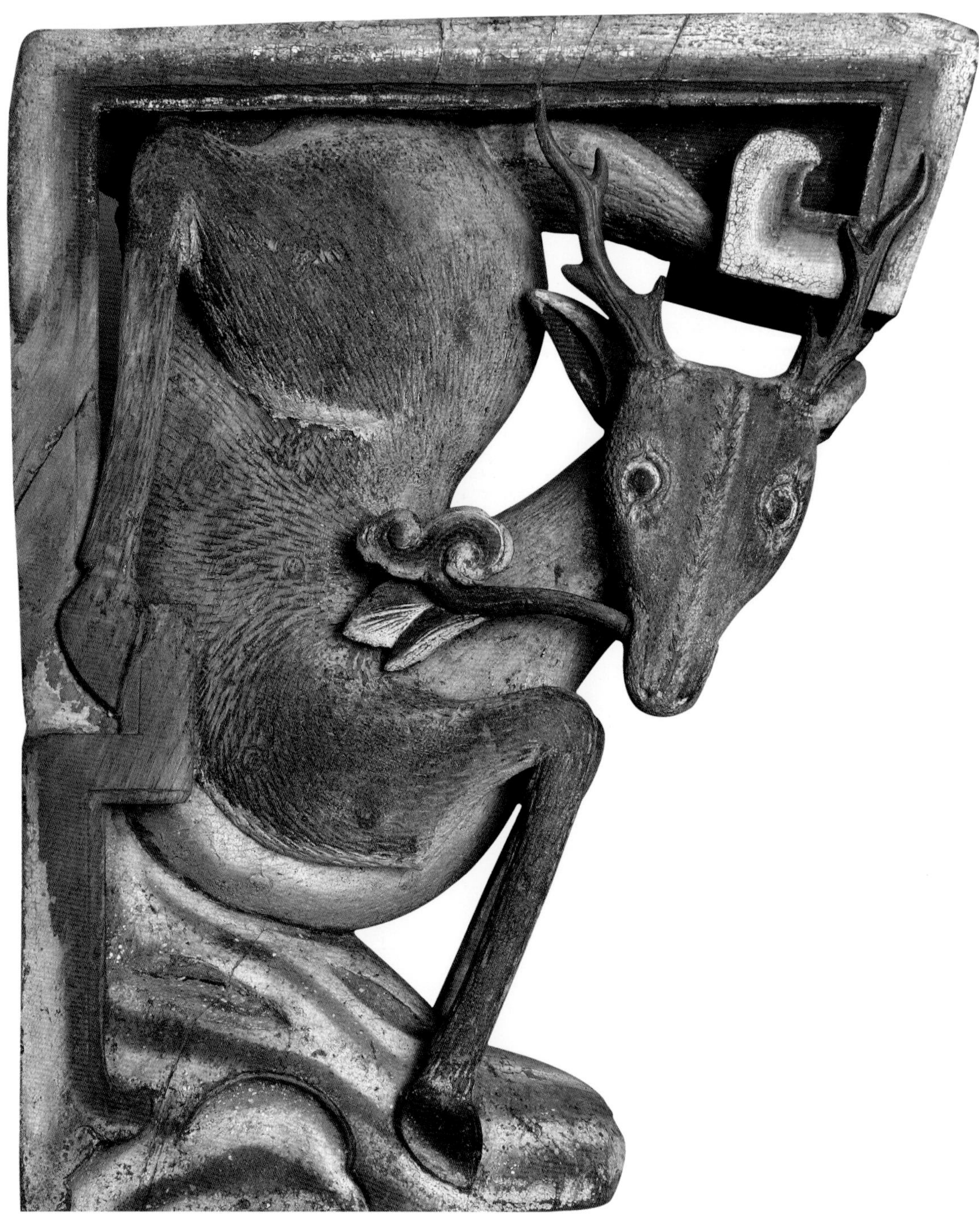

◎**牛腿 双鹿图**

清中期 浙东 40×33cm

双鹿着五色粉彩，形态夸张，构图生动，廊檐下梁柱上左右二鹿对称。鹿的头部亦对称构图。鹿口含芝草，象征快乐如意。从鹿的神态上看，是一对少壮美鹿，表现了青春活力。

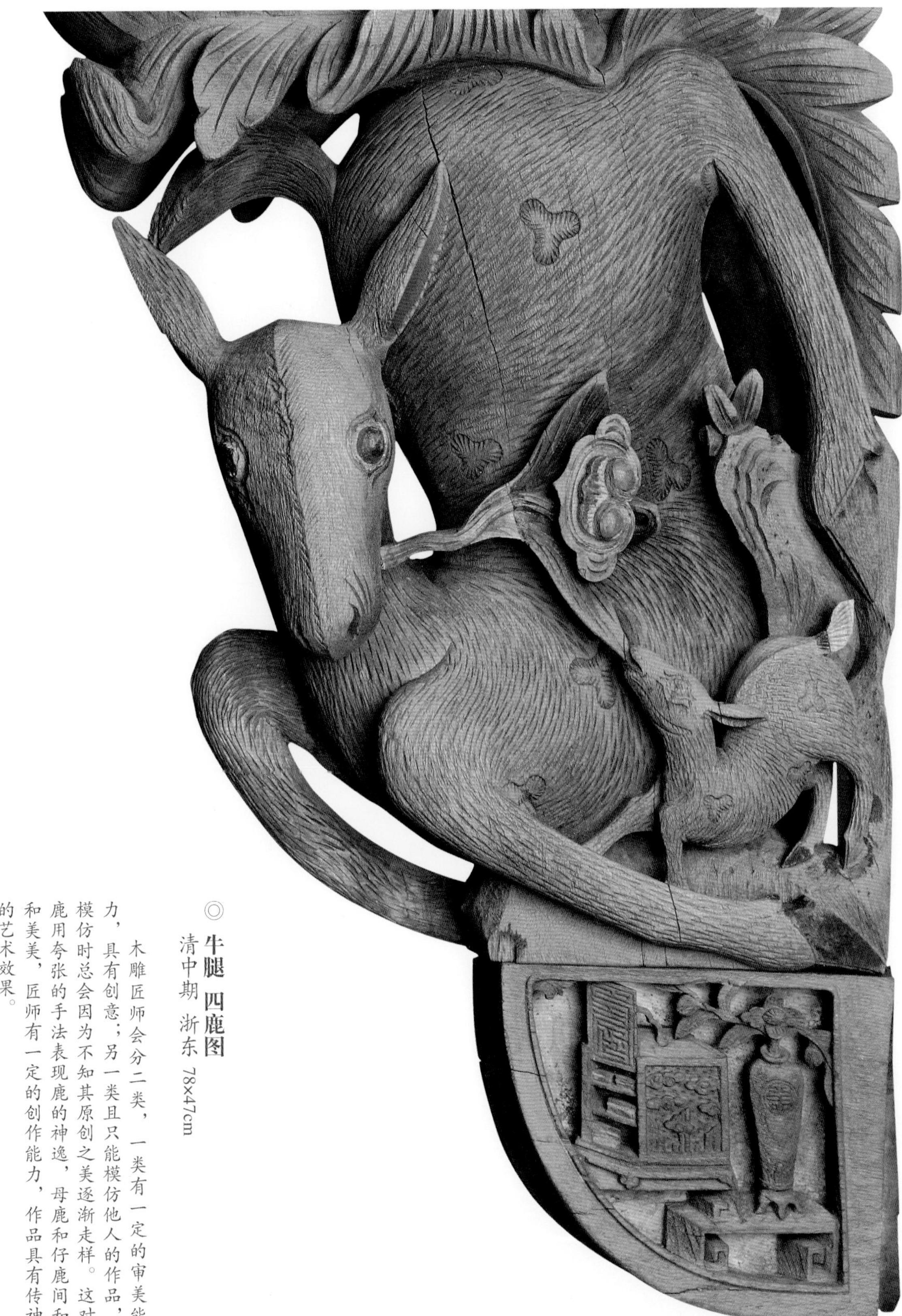

◎ **牛腿 四鹿图**

清中期 浙东 78×47cm

木雕匠师会分二类，一类有一定的审美能力，具有创意；另一类且只能模仿他人的作品，模仿时总会因为不知其原创之美逐渐走样。这对鹿用夸张的手法表现鹿的神逸，母鹿和仔鹿间和和美美，匠师有一定的创作能力，作品具有传神的艺术效果。

◎ **牛腿 福禄寿喜图**

清中期 浙中 54×40cm

鹿是主题，代表禄，苍松白鹤象征寿，喜鹊幼鹿告示喜，蝠口含铜钱寓福在眼前，故称福禄寿喜图。这种程式化的比拟手法成了传统文化中特有的祈福图符，也是传统文化中特有的艺术表现手法和美术创意。

局部

◎牛腿 福禄寿喜图

清中期 浙东 60x42cm

美鹿鼓目细鼻，深藏嘴唇，鹿毛由单刀双刻，看似乱刀挑成，仍有流转的自然规律。鹿角用精致的写实手法，几可乱真。鹿上有蝠，鹿腹下有鹤，有蝠（福）、有鹿（禄）、有寿（鹤）、有喜（幼鹿）。

◎**牛腿 神羊**

清中期 浙中 70×36cm

羊，吉祥。在建筑装饰中，羊的牛腿十分少见。这对神羊大耳，短腿，温顺可爱，利爪亦非真实中羊的形象，是异变的神兽，故称神羊。

◎梁架斗拱木雕

第四章

明清梁架木雕人物篇

首批中国历史文化名村 国家AAA级旅游区
郭洞古生态村
售票处 景区入口
浙江省古树群保护牌
郭下古树群

◎浙江武义郭洞村水口

◎清式梁架木雕名称示意图

1. 梁头饰
2. 压头饰
3. 牛腿
4. 露明柱
5. 角花
6. 横梁
7. 月梁
8. 斗拱

◎八面厅正门

◎浙江义乌黄山八面厅

八面厅位于义乌上溪镇黄山村，始建于清代嘉庆六年（1801），历时十八年才完工。

八面厅是宗祠和住宅相结合的民居建筑，布局结构独特，由花厅、门厅、大厅和堂楼组成。建筑用材硕大，装饰木雕梁架结构浑然一体。采用深浮雕、透镂雕等手法。梁架构件繁素相得益彰，起线落角构思独特，人物形象准确生动，飞禽走兽栩栩如生，是清代中晚期东阳木雕的优秀代表作。（八面厅系国家级文保单位）

◎八面厅梁柱清式人物角花

◎八面厅清式梁架木雕

◎八面厅清式木雕

◎ **梁饰 粉彩人物**

明代 浙中 28×10cm

建筑梁架的装饰，中堂东西各置四蛮，应是八蛮进宝图，现存四蛮。

作品单衣厚装，刀法古拙，人物衣饰、鞋帽皆非中原装束，面容有异域人物特征，神情凝重。木雕历数百年岁月，仍见残留色料，旷古之气扑面而来。

◎梁檐饰 天官赐福

明代 浙东 36×15cm

天官形体结实，神态高逸，宽衣飘带，有曹衣出水之风。木雕构图严谨，走刀流畅。人物线条宽严，收放自然，这种宽和严，放和收的表现手法使木雕技艺得到尽情地发挥，体现了明代木雕仍有汉唐时代大气又不失精致的遗风。

◎**牛腿 天官赐福**
明代 浙中 59×38cm

粗壮的大树，慈祥憨厚的天官，形成了和谐之美。整齐是美，对比是美，和谐是美，美可以用不一样的方法表现。熟识和陌生是两种不同的美的理解和欣赏，熟识是因熟而生情，陌生是因为新意而生奇。

◎**梁饰 蛮人图**

清初 浙中 72x32cm

木雕虽非圆雕，也有圆雕相同的三面视觉效果。人物头戴蛮帽，手持兽角、如意。体形透视准确，神情幽默可爱。在时间的洗刷下，木雕半见粉色半见木纹，古旧之美跃于眼帘。

蛮人进宝是彰显大清盛世政治、经济和文化成就，是盛清政治中重要的意识形态，也是当时社会津津乐道的艺术题材。

局部

局部

局部

◎**牛腿 哼哈将军**

清初 浙东 72×39cm

哼哈将军本系《封神演义》故事中的郑伦、陈奇二将，骑神兽，手持金刚杵，口鼻喷烟吐火，威武神气。明清时二将被民间奉为门神。

牛腿运刀古拙，生动地刻划了哼哈二将威猛力量并强调神兽的雄壮之美。

局部

◎**牛腿 人物**

清初 浙东 38×29cm

这二件木雕人物文气中见秀美，形态安然自若，或注目倾听，或轻声交谈，气若沉珠，神如仙道。匠师轻施浅刀，眉目、衣冠自然得体。表面浓重的古色，如闻古香、古气。

局部

◎牛腿 刘海戏钱

清初 浙中 61×39cm

刘海人物形态稳重有力，有男性的阳刚之健，人体坦胸露腹、赤脚，造形准确，形象高度概括，可见形中见神，神因形生。

西式建筑中的精美石质雕塑，已成为世界文明的象征之一，被全世界所认识。当我们回头看看中国明清建筑中的木质雕刻作品时，也同样会感叹东方文明的成就。东西方古代建筑艺术分别代表了人类两大文明的高度。

◎**牛腿 祥云仙人**

清初 浙中 88×47cm

和合二仙有柔美之态，因是神仙，故飘逸于祥云之中。匠师大胆地重刀镂雕，使木雕人物嘴上洞开，沟深线重，近观似是粗作，远观且落落大方，因此是一对大气之作。

◎**牛腿 和合二仙**

清初 浙中 68×52cm

二仙面容饱满，眉开眼笑，嘴角上翘，喜色可人。人物雕刻技艺主要表现在神态上，出神入化，匠师把能感染观众的人物，从木料中剥离而孕生出来，匠师在创作时，如同生儿育女。正像米开朗基罗所说，『生命是藏在石头里的，他的工作是雕去多余的石料，孕育有生命的艺术』。匠师的生命远不如艺术品的生命长，故伟大的匠师创造了伟大的作品，伟大的作品是匠师生命的延续。

局部

局部

◎牛腿 刘海戏钱
浙初 浙中 46x35cm

苍松巨树之下，刘海披头散发、坦胸露腹，一串铜钱挂于头顶，与蟾相戏，神态奇异，形体如同提线木偶。

斜撑在梁柱间是一棵松树，既是人物的主背景，又是梁柱间功能需要的拱撑，构图十分巧妙。

局部

◎ **牛腿 刘海戏钱**

清初 浙中 83x45cm

牛腿景物下有一底座，座上刻卷草宝龙，景物上下两头各饰拉不断纹饰。刘海分别以杨柳为背景，弯月眉，丹凤眼，双线厚唇，面容似有佛相仙气。刘海衣饰用刀深切，刀板由线见面，显得丰润结实。尤其是肌肤上的粉料，袖口衣领处的朱料，树叶上的黛粉，颜色陈旧旷古，使木雕作品更显古雅之美。

◎**牛腿 和合二仙**

清初 浙东 60x34cm

和合二仙一脚虚踏，似是行走中，二仙面容饱满，神情幽默，带着神秘憨厚的微笑，越看越可爱。好的艺术品给观赏者带来的是愉快和宁静的享受，同时需要耐看，耐看是艺术品是否优秀的重要标准之一。

局部

局部

◎ **牛腿 和合二仙**

清初 浙中 89×48cm

仙人姿态端正，脸容略有几分佛相，肢体外伸而脸面内收，形态上便见稳健之美。人物衣饰刀法顺畅，荷、合、蝠、祥云背景衬托，生动和谐。牛腿施五彩色料，有华美之色，富贵之气。

◎**牛腿 和合二仙**

清中 浙东 58×45cm

建筑木雕既表现了建筑主人的威仪，也具有教化社会的功能，不管是公共建筑的祠堂，还是私家居屋，都是人们了解祖先历史、生活习俗和宣教伦理道德的途径之一。人们从这些木雕形象中了解过去和学习文化。在影像技术落后的古代，木雕生动的形象给人们留下最具体和最直接的视觉冲击力。

和合二仙木色为底，略微点红着绿，清雅素淡中亦见华美。

◎**牛腿 人物**

清中 浙东 75×38cm

浙东台州地区，建筑上装饰大方窗格子，以柏木为料，精致而大气。这一地区的建筑梁柱间装饰牛腿，不论人物、动物一般不见有木雕植物作背景。

牛腿人物分别是寒山拾得、和合二仙。人物上下结构，略见祥云过渡，使牛腿在仰观时有丰富的层次感。

◎牛腿 戏蟾

清中期 浙中 48×30cm

建筑木雕中的雕饰物，首先是建筑结构的需要，又是美化建筑的重要手段。从遗存的建筑木雕上看，很少见到虚设在梁架上的木雕，即便是梁头小饰，也会与建筑结构相关联，也一定会在较出面的梁头上装饰，既完善整幢建筑装饰的体系，又是建筑结构不可分割的承支构件。

牛腿人物头部及上身明显夸张，而脚及下体虚化，上大下小，如明人陈老莲人物画，饶有趣味。

◎牛腿 四仙图
清初 浙中 73x53cm

牛腿呈三角形，梁柱与人物以树木过渡，树叶迎风飘斜，人物亦如飞而升，极具动感，正合倒挂在半空中屋檐上的装饰，有着独特的视觉效果。

木雕风化的皮表形成柔软的质感，如旧衣，近肌肤，不见刀痕，不见刻印，倒有三分残色，更具古远沧桑之美。

◎**梁饰 八仙图**

清中期 皖南 65×27cm

木雕选用香樟、银杏等纤维较致密的材质，横纹和直理相差不多，易于雕刻时留下精细的阳纹。建筑木雕常见八仙过海题材，八仙人物是人群中典型的八种不同文化背景，不同社会地位和不同人物个性的形象。木雕八仙出地时朱底贴金，人物一字排开，面有喜色，像在舞台上跳八仙舞。

◎ **牛腿 人物**

清中期 浙中 68×56cm

人物牛腿系同一建筑中的两件，虽是成套，并不成对，一品是荷花仙子，另一品是持烛善女。牛腿由强壮的卷云如意纹作背景，过渡梁柱间主题人物，人物着重刻划脸部的喜悦表情，注意衣饰的准确线条，使作品高度概括。

匠师在木料上运刀，首先造型，然后开面，使人物活灵活现地由钢刀在木料中孕育出来。

局部

局部

◎ **牛腿 刘海戏钱**

清中期 浙中 66×56cm

刘海坦胸露腹，神采飞扬，人物造型高逸，超凡脱俗。江南明清建筑木雕不同于佛像塑造，建筑木雕大多取材于儒道题材，是装点和美化家居的重要方法之一，因此没有佛教雕塑之严肃可畏，更有匠师融入个性创作的自由之风。

◎**牛腿 和合二仙**

清中期 浙东 58×43cm

和合二仙是明清江南木雕较常见的题材，广泛应用在建筑和家具的装饰上，形象各异，神态不一。牛腿中的和合二仙施刀明快简约，木纹清晰，脸面如同幼稚的顽儿，动作夸张中见童趣。夸张、抽象的技艺也是明清木雕常见的表现手法。

◎ **牛腿 和合二仙**
清中期 浙中 53x68cm

牛腿呈三角形，同一对牛腿中分别雕刻相同题材的和合二仙，这在明清建筑装饰中并不多见。

牛腿清雕无色，一木素净。运刀线条流走飘逸，无一刀直线。人物面如满月，眉高鼻润，与和合神仙的主题保持一致的内在思想理念和精神风貌。

局部

局部

◎**牛腿 仙人**

清中期 浙中 62x46cm

这品仙人图，既像合仙，又似刘海，打开和盒内藏有一蟾，蟾口中吐出祥云蝙蝠。仙人眉清目秀，面容慈祥，眼角中见神采，笑容中有发自内心的喜悦。匠师用高超的技艺刻划了仙人完美形象和内心世界。有趣的是蟾从盒里挣脱，似见盒破蟾出。

◎**牛腿 戏剧人物**

清晚期 浙中 28×26cm

木雕展现了人物在舞台上的感观效果，夸张地表现了人物衣冠、道具，生动地突出了眼神和面部表情。匠师用极强的记忆力，记住舞台上戏剧表演时的人物形象，重现在木雕作品中，在没有影像术的时代尤显不易。

◎**牛腿 人物**

清中期 浙东 41×33cm

武士鼓目，舞动兵器，小卒摇旗呐喊。在建筑装饰上用惊心动魄的战斗场面来辟邪，用威武的勇士来守家护舍，战将变成了门神。

从门神衣甲上看，几种不同的手法刻成不同的盔甲，有人字纹、龟背纹、鱼鳞纹，落刀清爽，起刀干净。

◎**梁饰 人物**

清中期 浙中 29×18cm

一男一女，女子个高，面额丰润，高眉凤目，披霞帔，执芭扇，斜眼看男士。而男则矮女一头，个甚小，喜面笑眼，似是『十八女儿九岁郎』的情景。木雕刀法可见钉头鼠尾，运刀速度快捷，可知匠师是聪敏利落之人。

◎**牛腿 戏钱**

清中晚期 浙中 58×29cm

刘海面善且带欢笑，双手戏一串铜钱，一边高过头顶，另一边由蟾嘴衔接。值得一提的是钱上刻有铭文，有满汉文字，其中一钱横读可见庚辰，钱孔上系绳结，钱孔下可见一庆字。木雕中的铜钱一般刻当朝当年年款，查知应是清代嘉庆庚辰，一八二零年制作，为木雕断代留下了一件难得的纪年文物。

◎**牛腿 天官**
清初 浙中 73×58cm

天官脸部刻划生动，神情慈祥，胡须飘逸，可见阳落阴起的线条，运刀技法的熟练。衣饰上浅施粉青，用精细墨线勾勒，既素淡又有古意。天官立于廊檐梁柱之间祈福，居屋顿有瑞祥意气，主人便有了心灵的依靠。建筑木雕表现的是民俗信仰，有源于道教，也融入儒教内容。

◎ **梁头饰 四皓图**

清初 浙东 32×28cm

商山四皓是秦末汉初的隐逸高士，有东园公唐秉、角里先生周术、绮里季吴实和夏黄公崔广四位当时的著名学者。人物面鼓眉高，似在举手表决什么，形象高古奇特。

木雕风化了二分，硬质的木料肋骨暴露，残留的色料典雅，增加了些许高士风骨。

◎ **牛腿 天官赐福**

清中期 浙中 68x39cm

这对牛腿天官头戴方巾帽，挺胸凸肚，面色慈祥；童子头顶小皇冠，抱宝瓶执华盖，幼稚可爱。木雕虽已风化了几分，但更具苍古之美。

浙江中部，幸存兰溪诸葛村、东阳卢宅等明清古建筑遗存，在这些具有浙中明清建筑代表作的建筑梁架上，仍旧倒挂着许多精美的牛腿，为我们研究明清建筑木雕提供了难得的母体。

◎**牛腿残构 人物**

清中期 浙东 33×18cm

人物穿着异域衣冠服饰，鼓目凸眼，应是蛮人献宝图。

不知是因为牛腿人物背景已残、或烂，还是商家故意把完整的牛腿切割成圆雕摆件，四件蛮人木雕已切去牛腿应有背景和榫头，似乎成了摆件，但仍难稳定摆立的残构，幸好主体人物形象还在，倒还打破牛腿三角结构的形状，视觉上有了新的形式。

◎**牛腿 人物**

清初 浙东 58x36cm

文士题材和武将题材的不同是，文士装饰题材自身给建筑带来祥和的气氛，而武将辟邪是因为人们需要神灵的保护。秀气的文人装饰题材给建筑门庭带来儒雅和谐，瑞气自生。

木雕残朱淡墨是数百年风化的结果，色泽古朴典雅，人物自然传神。

局部

局部

◎**牛腿残件 人物**

清中期 浙中 74x36cm

武士双手使双锤，同样的衣冠装束，不一样的面部表情，人物骨骼健壮，鼓目尖嘴，似是李元霸和裴元庆。木雕准确地塑造了五官和肌肉的结构，用粗放的刀触雕刻了干净利落的衣饰，也可见匠师在人物透视、比例上的合理把握。

局部

局部

◎**牛腿 人物**

清中期 浙中 57×31cm

一般牛腿多见平行四边形的形态结构体，但这件似乎是圆雕模样，人物直立于梁柱之间。额高眉远，丹凤美眼，但不知是何方仙女吉士。

局部

◎牛腿 戏剧人物

清中期 浙中 59x46cm

木雕用材为老松，亦因老松的直纹粗，无法施以细刀，故粗雕简就，也因此形成了粗放简约之美。在数刀之间人物形象生动灵活，这便要检验匠师的功底。这二件木雕在刀法技艺上看，有的大面积的胡须竟以块状形成，虽不见一刀一须，亦可知飘逸的胡须；有的眉毛亦不施一刀，用淡墨描就，可谓惜刀如金。匠师用最简单的刀法，能有效并生动地表现人物神情，是成功的木雕佳作。

局部

局部

局部

◎**牛腿 戏剧人物**

清中期 浙东 46×40cm

这对木雕源于浙江嵊县，嵊县是越剧发祥地，越剧演员大多是女扮男妆，轻声细唱，婉转抒情。人物戏服装束，面见女容，虽抱宝剑、顶戴帅冠，但面若桃花，温情柔美。剧情当是《杨家将》中的穆桂英和杨宗保。

建筑木雕既表现了建筑主人的威仪，也具有教化社会的功能，不管是公共建筑如祠堂，还是私家居屋，木雕生动的形象给人们留下了具体和直接的视觉冲击力。

◎牛腿 渔樵耕读

清中期 浙东 61×33cm

渔樵耕读是生产和生活的题材，既耕亦读是明清时代社会的生活方式，也是文人士丈夫的理想。人们在建筑门楣上书『耕读传家』、『亦耕亦读』，在屋檐下垂挂渔樵耕读人物，直接体现了人们以农耕为本和隐逸生活的追求。

木雕人物身份明确，面部塑造准确，个性鲜明，极具写实效果。

◎ **牛腿 说唱人物**

清初 浙东 25x19cm

这对小牛腿，人物头顶祥云，四面施雕，具备了圆雕的基本特征。

少男少女抱琵琶，拉二胡，弹三弦，摇金铃，面带喜色，眉目灵动。尤其是三线三角眼，如盛开的野花，生动可爱。

人物发际、腰带、鞋帮略施淡墨，稍稍点朱，木纹为面，有着自然素雅的视觉效果。

◎**牛腿 喜庆吉祥图**

清中期 浙中 41x38cm

男童，代表喜。一童双手握磬，另一童子双手舞戟，寓意喜庆吉祥。没有牛腿常见的树木作背景，回钩纹中间数朵祥云过渡，生动的人物空灵地倒挂在梁柱之间，居住空间喜气顿生，吉祥满堂。

◎**牛腿 人物**

清中期 浙中 55×46cm

衣服、肌肤都是木料本色，强调自然的木材纹理，头发上略施淡墨，有如江南黛瓦白墙的建筑风格，又似水墨素雅的中国画，这也是东阳木雕的基本特征之一。

素木中可见刀痕疏朗，运刀流畅熟练，轻刀简就也是木雕施艺的技巧之一。应是古典名著《封神演义》中的故事人物。

◎ **牛腿 粉彩人物**
清初 浙中 58×52cm

人物系蛮人进宝，大象当年亦是异域动物，故在进贡之列。人们把不懂技艺的帮工称蛮工，把不曾加工过的自然乱石称蛮石。蛮人是指外国人野蛮没有文化的泛称，体现了朝野对异域文明的漠视和不尊重。

木雕人物头顶祥云美日，骑白象，手执宝物，面有异国容貌。着白、红、蓝、黑诸色。

◎ **牛腿 乘龙天子图**

清初 浙中 63×32cm

华盖下乘龙天子吹着悠扬的笛子，从天而降，巨龙口吐祥云，撑华盖的仆人乘祥云同步而行，龙人形情合一，如见其势，如闻其声。

◎**牛腿 刘海戏钱**

清中期 浙中 62×39cm

刘海戏钱多是童子的形象，夸张、风趣、超凡脱俗。个性的塑造是民间美术的追求。刘海戏钱题材广泛应用于年画、瓷画和木雕等领域。这品戏钱图，刘海笑容可爱，动作幽默而且形态优美，作者具有一定的写实功底。从形体和神情的把握中可见神仙可意味而不可言传的美妙的精神世界。

局部

◎**牛腿 蛮人骑狮**

清中期 浙东 48×25cm

木雕技艺有别于雕塑，雕塑可以贴补修改，而木雕只能减去多余的木料而不能还原重刻，落刀无悔，如书法笔墨，落墨无悔。因此，木雕技艺在运刀时必须胸有成竹，凭熟练的技艺把握雕后能预见的结果。

木雕上的蛮人和狮子刀法硬朗有力，棱角粗放大胆，可见木材和钢刀的硬气，仍然留在木雕作品的意气之中。

局部

局部

◎**牛腿 蛮人进宝**

清初 浙中 74x51cm

蛮人着异域服饰，骑异域怪兽，握异域珍宝，风尘中一路走来，形象生动，神态友善可爱。值得一提的是这二品木雕有古朴沉静之色，彩料尚存处则鲜艳如初，这种天然矿物色料不会被岁月消磨，依然叙说着当年建筑的绚丽华美。清初，康熙大帝一面武治天下，平定了大清帝国的东西南北，同时以更开放的治国观念，广泛地与各国交流，蛮人进宝反映这了一时期国与国之间的友好交往。

◎ **牛腿 征战人物**

清初 浙中 51x42cm

征战的题材主要来自古典名著或历史故事以及戏剧情节。木雕人物刀眉剑目，宽皮白面，既有武士的英气，也有文士智慧之相，有人物的运动之势，亦见战马奔腾的雄壮之美。南方并不养马，南人雕马，毕竟对马的观察不够而无法表达马的出神境界。但木雕中的人物刀眉剑目，鼓须飘逸，极具威风。

局部

局部

◎ **牛腿 蛮人进宝图**

清中期 浙中 52×39cm

蛮人进宝图，人物中不同的帽子，展现了不同民族的异国风情，鞋子的式样和装饰花纹也刻意雕成与汉人不同的风格。所进宝物有可见的如意、宝剑等，也有宝瓶中的神秘宝物。人物和狮子在相同的程式化构图中展开，强调人物和狮子的面部形象，把狮子身体、四腿、幼狮、绣球巧妙地布置在梯形的牛腿形体上。势如雄狮下山，神如仙人下凡。

局部

◎牛腿 蛮人进宝图

局部

◎ 牛腿 蛮人进宝图

◎**牛腿 酒仙茶圣图**

清中期 浙中 62×46cm

画面上文士天庭饱满，眉高目明，须长飘逸，神情如仙人一般，一士手拿酒具，一士掌握茶杯，分别是太白醉酒图和陆羽品茶图。高士身旁有一童子，执酒壶，伺候于太白身旁；另一童子提茶具，轻摇小扇，为陆翁凉茶。木雕施刀可见深雕，亦有浅刻，人物动作夸张，表情高古而有神采。

局部

局部

◎ **牛腿 进宝图**

清中期 浙中 70x46cm

进宝图中的外国人衣冠装束奇特，面相怪异，手捧象牙、珊瑚、玛瑙、犀角等异地奇珍。木雕运刀严谨，刀法规范，人物形动神静，可见匠师个性朴实。木雕风化均匀，质地硬朗，肌理清爽。

◎**牛腿 八蛮图**

清中期 浙中 77×46cm

从八蛮图牛腿中看，匠师正面塑造了异国人的脸部特征，使人物具有健壮之美、高雅脱俗之美、风趣幽默之美。四品牛腿，形象夸张，神情洒脱，或挺胸凸肚，或俯首对视，或提物自赏，或举手若舞，雕塑造型准确生动。

局部

局部

◎梁饰 天官赐福

明代 浙中 27×15cm

天官门神，作为梁头装饰，既是祈福辟邪需要，又是美化木结构建筑的手段。这二品天官木雕，眉目唇鼻和衣纹粗刀简就，胡须则如钢针一般，表现了硬直的刀功。人物衣衫厚重，用刀粗简，色彩浓重，也是典型的明代木雕重要特征之一。

◎**梁托 寿喜图**
清中期 浙中 41x28cm

所谓寿喜，是指福禄寿喜图的一半，男童代表喜，仙桃代表寿。梁架结构中使用梁托，以减少落地柱子的数量，增大梁架连接的柱与柱之间的力量。

这品梁托木雕童子面有喜色，双腿蹬步，双手托起寿桃，同时也托起了梁上的重量，功能和装饰巧妙地融为一体。

◎ **角花 戏剧人物**

明代 浙中 23x29cm

建筑木雕既营造了生活空间的艺术气氛，又直接体现主人的审美意趣，使主人人生观在艺术气氛的感染下得到了完美体现。

这四件角花，人物立在舞台上，男女相戏，或跪求爱情，或执扇追索，或相敬如宾，表现了男欢女爱的热闹场面。

◎ **角花 人物**

明代 浙中 28×29cm

人物在祥云之间，衣衫厚重，衣饰各异，神情憨厚。从人物形态以及背景祥云松枝的风格看，不同于明清木雕常见特征。二件木雕人物图，即便有可能是元代遗物，也没有确切的科学的证据证明，因此保守地定为明代。

◎**梁头饰 和合人物**

清中期 浙中 16×13cm

梁头饰是先雕刻成板状形体的图案，然后再贴在梁头上的装饰。二件和合人物如同可爱的顽童，幼稚、天真，尚有几分仙气。

局部

◎ **牛腿 人物**

清中期 浙中 70×48cm

木雕虽单不成双，被虫蛀亦腐烂，但题材独特，一士三童，似是儒士学子。儒士双眼朦胧，如痴如梦；童子见儒士昏昏欲睡之际，顽皮相戏，整图幽默有趣。在仙道气氛较浓的建筑木雕题材中，这件木雕有了些许别样的幽默趣味。

◎**梁饰 人物**

清中期 浙东 43×56cm

此品木雕源于浙东台州。这一地区的木雕风格人物形象夸张，脸部表情生动，如同戏剧表演中的艺术造型，有明显的地域特色。

匠师用夸张手法，强调人物面部特征，有意使肢体极度变形，使画面极具动感，使稳定的建筑物有了灵动之气。

◎ **角花 人物**

明末 浙中 22×28cm

一幢木结构建筑，有许多角花，这二品人物角花成套但不成组，四品是人物折子戏，二品是八仙中的四仙，应该还有二品四仙。

人物衣袖宽厚，裙褶粗重，领口只见单衣，因瓷器绘画有『明单衣』、『清重装』之说，在木雕人物中也见同样的时代特征。

◎ **角花 人物**

清初 皖南 22x33cm

角花各雕一士一仆，士人握杯执扇，双目分别观看童仆手中的菊花和梅花，应是陶渊明爱菊与和靖喜梅图。角花色泽鲜明，用原色重彩斗艳，如成化斗彩瓷画，是明清木雕装饰中的艳美作品。人物刀法简约，形体概括而且生动。

◎角花 戏剧人物

清中期 浙中 21×27cm

角花是在梁架两侧梁柱间的承重辅助物件，是在建筑装饰相对重要的位置上。角花体量小，一般雕刻精细精致，宜近观。

这四品角花把戏剧舞台上的打斗场面，压缩在三角形的角花空间中。匠师采用了最简洁的刀法，表现人物的体态结构，八种武器的使用和对打动作，把人物面部神态生动利索地刻划出来，反映了匠师精湛的运刀手法以及艺术表现能力。

◎ **角花 人物**

清初 皖南 28×32cm

角花背景雕刻了明式建筑和景物，明式家具出现在明式建筑木雕中，互证了木雕的时代特征。从建筑中我们看到梁柱之间的角花，这种结构的明式古建筑在皖南古村落中至今依然能够看到。

人物衣衫柔软但厚实，如冬日里的棉袄，屋瓦、梁柱、砖墙写实求真，木雕打磨仔细，无刀斫痕迹。

◎角花 人物戏

清中期 浙中 25×30cm

清代木雕中常见人物打斗场面，有的取材于《三国演义》、《水浒传》等小说，也有戏剧故事内容。

匠师采用成熟的写意手法在浮起平底上施刀，成功地塑造了人物交手时的舞台艺术效果。

◎**牛腿残件 刘海戏蟾**

清中期 浙中 59×23cm

牛腿或因虫蛀腐烂，已不见全品，残剩一对人物，亦不见神蟾，不见钱串，见其形，其态，仍是刘海戏蟾题材。木雕着重表现人物形体和面部表情，用平刀刻出五官衣饰，匠师极力消除刀痕斫迹，使木雕如泥塑一般。

◎**顶饰 福禄寿喜图**
清初 浙东 37x37cm

福禄寿喜图是木雕中常见的题材，其程式化的构图已相当成熟。在圆形开光中，可见寿星神情清逸，美鹿秀灵，童子快乐，一蝠一云亦衬托了和谐气氛。

◎ **梁托 人物**

清中期 浙中 32×42cm

明清木雕中的人物大多有仙道、武夫等题材，文文气气、安安静静的画面很少见。这件梁托的人物应是吕洞宾和白牡丹。灯光中，刻划了宁静的静夜意境，使木雕有了一种清雅，使建筑多了些许清静。

木雕强调人物的内心世界，通过形的把握，准确地流露出人物的精神世界，这是木雕艺术的境界。

◎ **梁饰 吉祥人物**

清中期 浙东 23×23cm

木雕呈圆形，刻五位人物，三男二母子，母子骑象，一男持花，二男各执一磬一戟，意为喜庆吉祥。木雕在圆形开光中，以准确的透视反映了人物极具动感的热闹场面，流露了喜庆吉祥的美好生活情感和精神风貌。

◎ 梁架木雕斗拱

境，提升农民
发展。
奔小康，先
卫生健

◎古建筑戏台藻井木雕

◎江南清式建筑梁架

◎ 江南明式建筑梁架

江南明清建筑木雕

下

何晓道 著

中華書局

第五章

明式建筑门窗木雕篇

◎浙江武义郭洞村

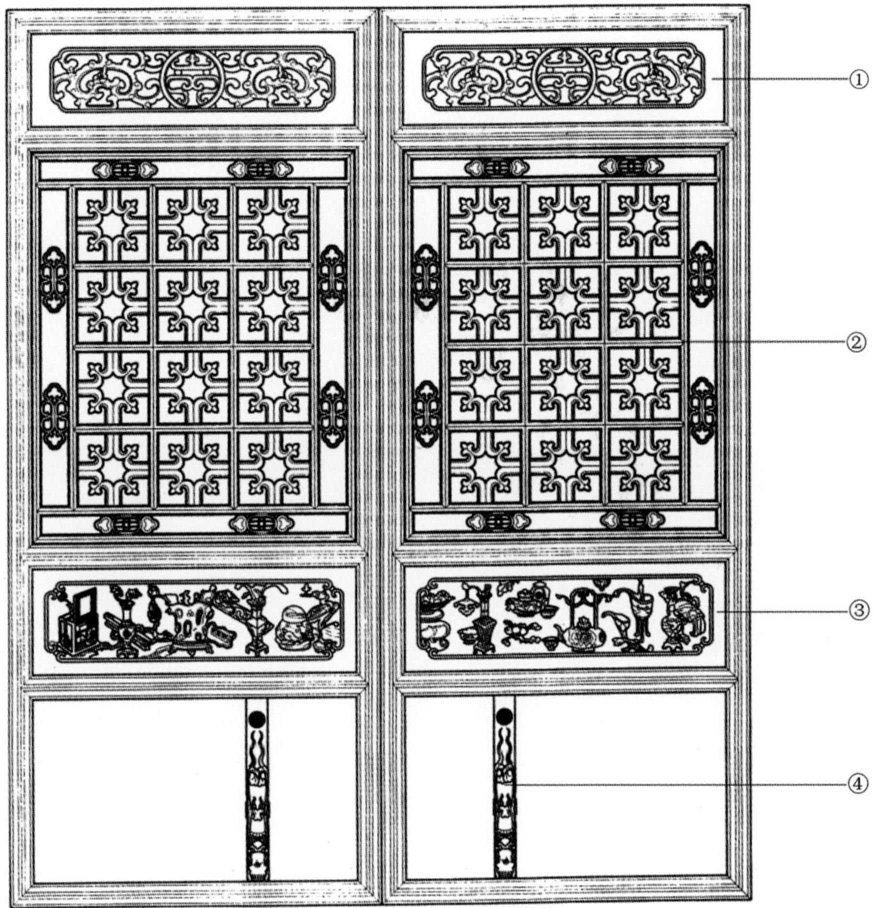

1. 上挡板
2. 门窗格子
3. 窗腰板
4. 窗锁

◎ 门窗木雕在门窗中的位置

◎ 凡豫堂厢房房窗

◎ 浙江武义郭洞村凡豫堂明代木雕

凡豫堂由郭洞村何士珩公(字君玉1602—1683)所创。建于明代崇祯末年。是一幢五房四厢双梯二层楼房，保存完整。正屋堂房窗格和腰板中透雕飞禽走兽，图案风格粗放古拙。

从建筑与门窗木雕的结构和风格上看，门窗木雕和建筑梁架从未修理和移动过，应是同一时代遗存，为明代末年木雕断代提供了有价值的信息。(凡豫堂系国家级文物保护单位)

◎凡豫堂厢房窗腰板『麒麟』图

◎凡豫堂厢房窗腰板『瑞兽』图

◎凡豫堂厢房窗腰板『瑞鸟』图

◎明式门窗木雕

◎窗 透雕 龙纹格

清初 浙东 40x55cm

整格透雕，夔龙格。内转委角起阳线，外廓光素无线，使格子有内外之分。格子中间见三个龙首，格子线条自然便成了龙身。可见绿黛、朱砂、黄金等天然矿物残彩。

◎**窗格芯 透雕 双龙捧寿**

明代 皖南 65x65cm

封建社会，龙的形象，官制五爪，民间只用四爪；官制龙尾，民间只能卷草收尾，前者真龙，后者草龙，严格区分。这品双龙捧寿图，龙的形象具体生动，肢体威仪丰满有力，从昂首、张口、鼓目、突鼻等特征看，有明显的明代风格。

从木雕残留的色彩看，可见红、青、绿和金等古色，出地应是五彩贴金作品。

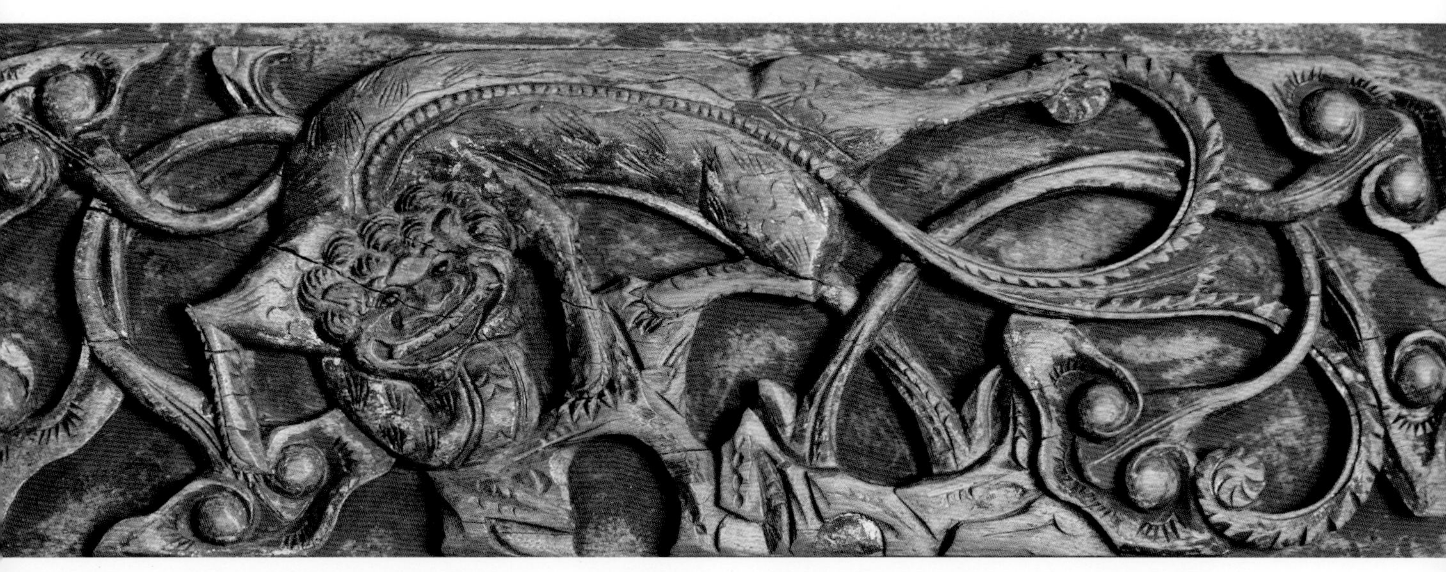

◎**门腰板 浮雕 神兽**

明代 浙东 44×15cm

初看是螭龙，细看并不具备龙的形象，应该是头狮子，有四条，纤弱的狮子腿，明显的卷草尾巴。腰板朱地，曾经贴金，历数百年岁月已褪去华美，可见木质本色。

◎**窗腰板 浮雕 凤凰图**

明代 浙东 45x16cm

凤凰是传说中的神鸟，是集鹤首、蛇颈、鹰翅、孔雀尾巴于一身的禽中之王，凤凰又被视为火神，故称丹凤。

这品凤凰图，凤凰昂首前视，振翅欲飞。木雕平地浮起，构图简约，饰朱地彩漆，残色高古。

◎ **窗顶板 透雕 金猴戏桃图**

明代 浙东 46×11cm

起凸透雕的木雕形式存世甚少，年代相对久远，也是典型的明代早期作品。木雕出地朱金相间，虚实相应，呈现了华美气色。

◎ **窗腰板 透雕 祥云草龙图**

明代 浙东 38×16cm

祥云草龙图特征有：一、起凸浮雕，无边角线。二、龙头脸部眼、鼻、嘴对称。三、卷尾祥云看似随意性很强，但有普遍通用的规则。这些都是明式木雕龙的主要特征。

◎ **窗腰板 透雕 双狮戏球图**

明代 浙东 39×15cm

两狮对称，以绣球为中心各分两边，即使是彩带结构图也如同民间剪纸，一分为二。

狮子刀法古拙，线条简约，神态憨厚。

◎**窗腰板 浮雕 福禄龙纹**

清初 浙东 43x16cm

从图上看，腰板分三个部分，一是边线角饰，由钩子连环线组成；二是卷尾草龙，龙纹古朴苍美；三是福禄文字，由两条龙纹组成。整体纹饰风格一致，主题明确。材质楠木，纹理如同佳人肌肤，清润可爱。

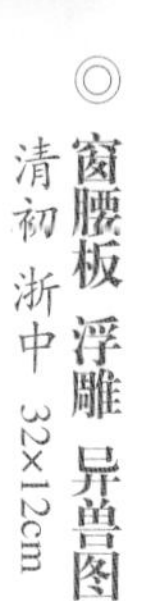

窗腰板 浮雕 异兽图

清初 浙中 32×12cm

明式木雕图案的程式化表现不但在花卉图案中，也反映在飞禽走兽的造型，树木、石桥的构图，远山、近水的意境。这二品异兽夸张地塑造了动物的形体美，以近似虚构的物象，刻划动物机警灵活的艺术效果。

门腰板 浮雕 螭龙图

明代 浙中 32×12cm

螭龙是因龙纹图案像螭而得名。螭龙体魄强悍，龙首突出，卷尾细巧，形态简约大气，这是一品明清木雕中比较少见的构图。

◎**门腰板 透雕 锦地草龙**

明末清初 皖南 39x16cm

锦地花卉和钱纹作底，如意纹开光，透雕草龙。锦地纹样规整细致，素淡色质中有着高贵华美之气。透雕卷尾草龙线条流畅，首尾相接，一团祥和。

◎窗腰板 透雕 鲤鱼跳龙门

明末 浙东 22×16cm

鲤鱼跳龙门，寓意人们经过努力，从平民变成高贵名士。在科举制度时代，激励青少年勤奋进取，功成名就。

鱼龙在水波纹中张目相对，神情聚于画面中间，水波翻卷起虚幻的水境，运用夸张的手法，描绘意境。木雕刀法粗放，生动灵活。

◎窗芯浮雕 麒麟

清初 浙中 32×19cm

木雕技艺是以点、线、面构成图案运用减去多余的木料，用高度概括的方法，呈现物体的形态和神态。麒麟刀法利落，线条流畅。图案表现了麒麟憨厚而且高贵的神情。

◎**窗腰板 浮雕 草花龙纹**

清初 浙东 42×15cm

卷草龙尾开二朵宝相花，由祥云、卷草和花卉构建成清雅的图案。古代工匠把龙的形象创作得妙趣横生。

◎**窗格芯 窗腰板 透雕龙寿图**

清初 浙中 46×16cm

龙是神圣之物，上天入地，呼风唤雨，变幻无穷，故龙的形象各不相同。寿字也从汉字渐变成图纹称百寿，也有千百种不同的写法。民间匠师在龙和寿的创作中积累了丰富的经验，创造了千姿百态的精美图案。

◎门顶板 透雕 龙寿图

明末清初 浙东 38×16cm

一个寿字由写意的形式形成宝鼎图案，抽象生动。双龙回首对视，构图对称。对称是明式木雕的特征之一。

◎**窗格芯 透雕 龙寿宝鼎纹**

清初 浙东 46x46cm

窗格芯呈双圈圆形，空灵大气。外圈镂雕卷草宝相花，线条细致流畅，内圈满雕龙纹，中心聚寿纹宝鼎，虚实相间。

◎窗格芯 透雕 龙寿图

明代 浙东 28×22cm

中间寿纹线直角方，显得平直、刚硬；而两侧卷尾龙纹卷曲、柔和。一阳一阴，一刚一柔，运用对比是木雕技艺表现手法之一。

◎窗格芯 浮雕 龙纹饰福禄寿喜图

明代 浙东 19×19cm

福字由首尾相交的龙纹，禄字边饰由左右相合的龙纹，每个文字也是由龙纹图案形成，既是整体的龙纹，又分别是『福』、『禄』、『寿』、『喜』文字。明代门窗木雕图案化的布局成熟地结合在飞禽走兽、静物和文字当中，构图完美，有『得心应手，随心所欲』的境界。

◎**窗顶板 透雕 粉彩花卉图**

清初 皖南 44×15cm

枝条缠绕，花朵艳美。看似随意性很强，但也有构图的规律。值得一提的是开光外平板委角素面很大。素板的做法也是明式木雕常见的特征。

◎**门顶板 五彩透雕 卷草云纹**

明代 浙中 39×19cm

双线如意纹开光，对称，卷草如祥云，似灵芝。纹饰高古陌生，奇幻美妙。

◎**门腰板 浮雕 双凤图**

明末 皖南 35×11cm

卷尾凤凰，凤嘴甲内收，凤眼双眼皮，凤睛饱满，卷尾成珠。在建筑木雕中，常见卷草龙纹，而凤纹比较难得。

◎**门顶板 透雕 龙纹**

清初 浙东 55×29cm

一板单龙，二板成双，木雕龙纹图案或左右各一，或上下呼应，或大小相辅，或互相缠绕。这品龙纹图案，线条柔和，构图大方，不失为清早期经典的龙纹图案之一。

◎**窗腰板 透雕 卷草图**
明代 浙中 46×20cm

透雕卷草如意纹图案，反复注目欣赏，如同梦中曾经见过，但又始终有陌生感。明代门窗腰板中常见这类神秘的程式化图案。

◎**窗腰板 透雕 卷草如意祥云纹**
明代 浙东 52×21cm

剔边，阳起，无框线。卷草如意云纹，既是草叶，又似如意纹，简约并且耐看，有如云如梦般的意念之美。

◎**窗顶板 透雕 卷草纹**
明代 浙中 52×18cm

如祥云似卷草，如灵芝似果实，是看上去似乎随意性很强的图案，也不对称，寻不着头尾，只觉得一板祥和。

◎**窗顶板 透雕 卷草云纹**
明代 浙东 46×20cm

楠木制作，一枝最简单的S形双头卷草云纹，构画成流畅的窗顶板，也只有楠木这样的优质木材才能雕得如此空灵。楠木具有横直纤维强度基本一致有利于雕刻的优点。

◎**窗腰板 透雕 束花**

明代 浙东 42×16cm

在不规整但对称的开光中，一束花卉卷草如意云纹，枝蔓流畅舒展。初创时由天然色料着色，经数百年时光，艳丽色彩已经褪去，残留斑驳的粉底，木色更具自然之美。

◎**窗顶板 透雕 莲花**

明代 浙东 22×14cm

几朵莲花，几叶水草，翻卷的水花形成空灵的透雕图案。周边装饰阳起明线，两边呈现如意纹开光，古拙而有意趣。

◎ **窗腰板 浮雕 莲塘图**

明末 浙东 42x18cm

传统社会在儒家学说的千年影响下，女性主要任务是生育，莲花寓意女性，莲生贵子，民间美术中常见表现祈求多子多孙的题材。

◎ **窗腰板 透雕 团寿图**

明末 浙中 46x22cm

团寿外饰一圈连珠纹，团寿两侧各一组如意图案，四角半朵正开花卉，整板构图严谨。木雕中已不见刀痕，可见古柔木质之美。

◎**窗格芯 透雕 福禄图**

明末 浙中 26×26cm

在透雕的花案和钱纹的窗格子中开光，分别雕草体书写的福、禄二字，如同彩带立体组合，别具一格。

◎**雕窗格 透雕 福寿图**

明末 皖南 59x60cm

由小木板分别透雕成底纹，底纹上刻出二层浮雕，成为主题寿纹芯格，四边万字纹圆饰和卷草纹角饰拼接而成。福寿文字古拙奇妙，不失为一品构图丰富的明式木雕窗格。

◎**门腰板 浮雕 麒麟图**

明代 浙东 66×29cm

民间常把麒麟雕成龙头、鳞身、狮尾、马蹄、鹿角的神奇之兽。也把麒麟视为太平盛世的吉祥动物和降福送子的使者。这二品麒麟形象夸张，色彩古朴。

◎**窗顶板 五彩透雕 万事如意图**

明末 浙东 58x16cm

边线由『委角』构成了整个外圈，方硬的万字线条由更阳刚的菱形框住，而圆润柔软的卷草如意纹包着万字。线的硬直，形的方圆，板的虚实，构成了阴阳相济的妙品。

◎**门顶板 透雕 花卉图**

明末 浙中 54x17cm

明代瓷器图案有句鉴赏术语：『花无反，叶无侧』，讲的是花开都是正面，叶的舒展没有侧面。两品花卉腰板，印证了明代瓷器图案的时代特征。不同类别的民间工艺在同一时代中互相交流，有相同时代的工艺特点和审美理念。

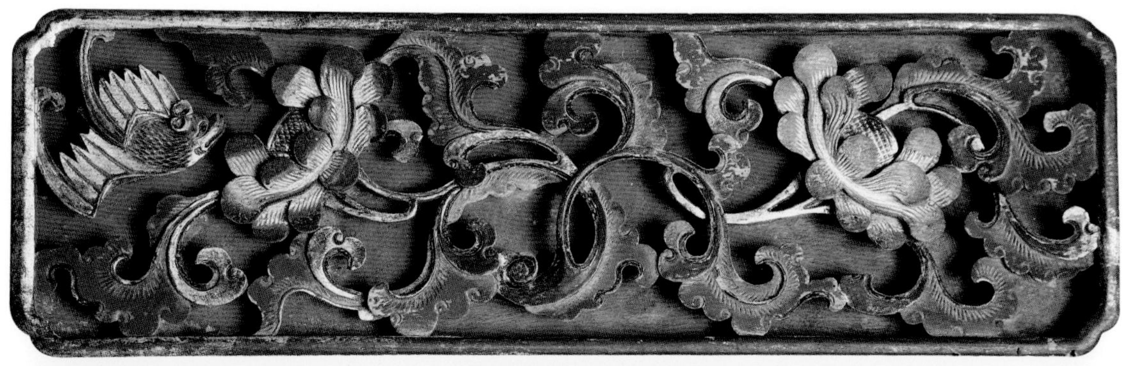

◎窗腰板 浮雕 花卉图

清初 浙中 45x16cm

枝蔓流畅中卷曲，花朵规律中开放，叶片反侧中伸展，尽在夸张和写意中变化。通过匠师美好想象，构建了人们心中的如意草和如意花。

◎**门腰板 浮雕 龙纹**

清初 浙东 46x15cm

幼龙图案，如鼎炉似寿纹，两侧一对大龙，两边又有一对幼龙，三对六条龙纹对称构图形成一组图案，在门窗木雕中比较少见。卷草龙相呼相应，是明末清初建筑中常见的表现形式。

◎**窗顶板 透雕 花卉图**

明末 浙东 60×19cm

这组透雕顶板，分别是春天的牡丹，夏天的荷花，秋天的菊花，冬天的梅花。四季花卉花叶繁茂，旧色淡雅，古味清妙。

当相同题材、相同表现手法、相同风格特征的门窗木雕进行比较时发现，明清二朝数百年间遗存的实物有着明显的承传关系和变化规律。

局部

◎窗腰板 浮雕 彩漆花鸟图

清初 浙东 52×19cm

凤凰二块，锦鸡二块。用天然的色料，装饰门窗木雕是浙东地区特有的彩漆手法。这些色料来自于大自然中，有黄金、朱砂、绿黛、青金石、贝壳粉等，属矿物质，故不怕空气氧化，千年不变。

◎**窗腰板 浮雕 花卉图**

明代 浙中 37x17cm

门窗木雕的图案和风格，和同一时代的中国画有着一致的审美意趣。这四品花卉雕板如同花鸟图画的大写意，水墨意境淋漓。值得一提的是流畅的S形曲线极度夸张，表现了工匠超然脱俗的审美意趣。

◎ **窗腰板 透雕 花鸟图**

明代 浙东 39×16cm

明代门窗木雕，主要有几个特征：一是框线面部或呈剑背形，或呈二炷香等有形状的面线；二是窗格平压横直格子，两头落榫；三是腰板雕刻花朵正面开放，叶片无反侧，边线呈委角。

这组腰板，花鸟构图严谨，虚实适宜，残色高古淡雅。

◎ **窗腰板 浮雕 朱金花鸟图**

明代 浙中 60x35cm

朱金花鸟图有清秀疏朗之美。小鸟或遥相呼应，或亲近相和，如闻甜言，似听蜜语，十分抒情。木雕的审美因人而异，无论雅俗，重要的是作者对木雕风格、构图、形态、神情所包含的个性的抒发。

◎**窗腰板 透雕 花鸟图**

明末清初 浙中 45×23cm

腰板尺寸大，看上去很粗，但仔细观察刀法清晰。在这样的长线条上表现精致熟练的刀法，比短线条施刀要难得多。一需要熟练的运刀技巧；二需要运刀的手臂力度。工匠在运刀中必须要意气相合，心手相得。

◎ **窗格 透雕 花卉钱纹图**

清初 浙中 110x66cm

独板，楠木制作。外框内二组龙纹图案，苍龙卷尾连绵不断，如同音乐图谱，中间如意钱纹。格芯刻盆景花鸟图，从图中看，应是菊花和锦鸡，寓意『杞菊延年』，可见二图有八只锦鸡在繁花茂叶间争闹秋色。整图有几种不同的图案，有相同的空灵之美。

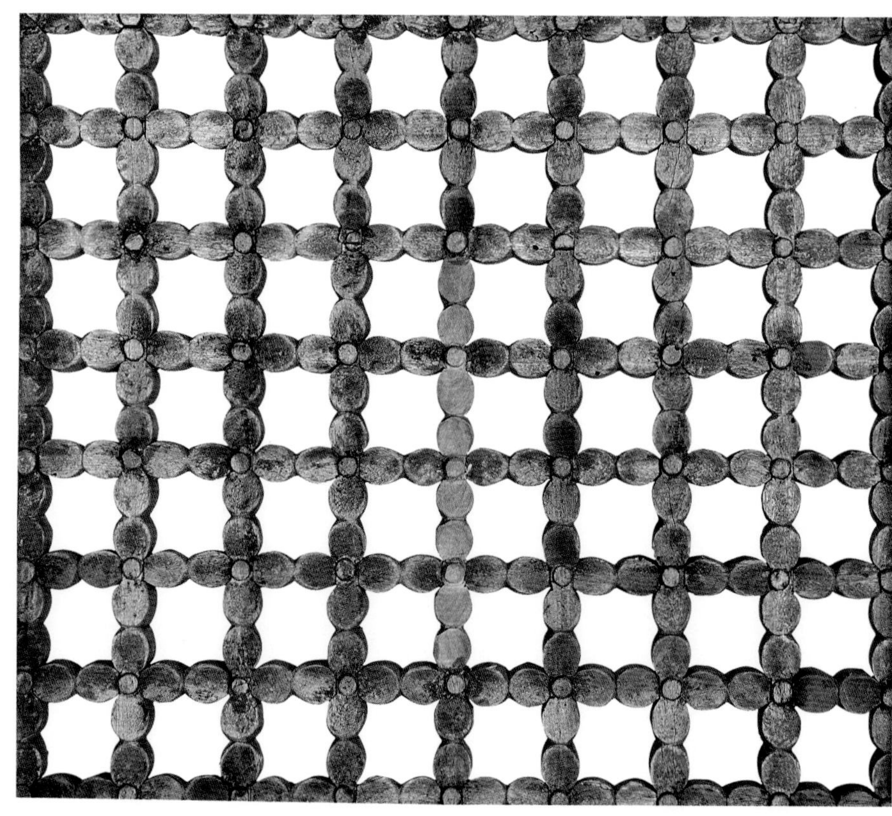

◎**窗格子 透雕 花卉图**

清初 浙东 56×51

由雕刻的花瓣十字相交平压成花卉图，以极少的几何重复相同的图符，建立起简约朴素的图案，如音乐反复强调同一主旋律，轻声吟唱梅花的高洁。

◎**门顶板 透雕 云鹤图**

清初 浙东 46×18cm

鹤寓意长寿，也是祥瑞的象征，古人又认为鹤具有高洁的品德。祥云悠悠，双鹤自由飞翔，祥和吉兆之气顿生。

◎ **窗格 透雕 鱼水图**

清初 浙中 32x32cm

水本无形，游鱼亦不见于水中，匠师用超乎想象的表现手法，把无形的水用流畅的线条构建起来，穿梭在水波中的鱼如同在天水间游走。这种既高古又显优美线条结构的图案，表现了匠师丰富的想象力和创作能力。

◎**窗腰板 透雕 飞禽走兽图**

明末 浙中 66×18cm

腰板线条粗爽，强调动物的神情意气。刀法利落，数刀便见形知神，有『粗大明』特色。『粗大明』应是明式木雕风格的术语，粗但不乱，也是简约的代名词。

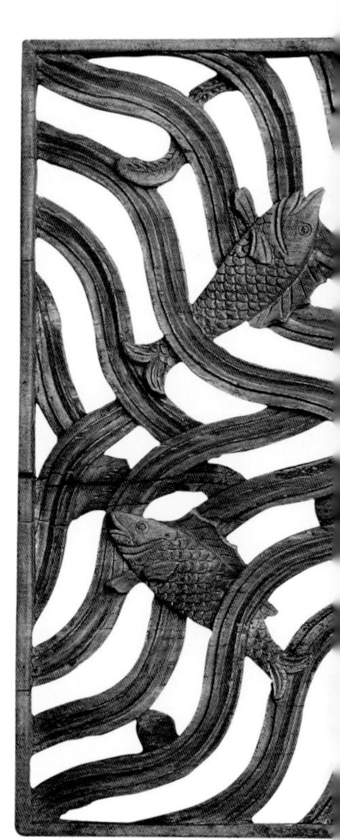

◎ **窗格子 透雕 鱼水图**

明末 浙中 66×18cm

流畅的水波纹中感受到如梦般神奇的线条，鱼儿在水中畅游，水波在流动，这种夸张的表现手法是东方艺术特有的浪漫主义艺术风格，有超脱现实的梦幻之美。

雕板风化了二分，朦朦影子中也多了些许水墨意境。欣赏时，清水浅刻门窗木雕，古旧程度很重要，倘若尚未失漆，古旧不足，新气尚存。倘若风化三分，则过于伤失。倘是七分失漆，二分留色，一分风化，倒有古雅之美。

局部

局部

◎**窗腰板 浮雕 鱼水图**

明代 浙中 51×22cm

鱼水图是明代建筑装饰常见的题材之一。图中游鱼优美，水波线条卷曲流畅。水族中的蟹、虾、螺以及水草形成和谐的协奏曲。雕板材质清净古朴，经历数百年，依然完整如初。

◎**窗格芯 透雕 欢喜图**

清初 皖南 42×21cm

獾，与欢偕音，寓欢乐的欢。喜鹊偕喜庆的喜，故称欢喜图。

獾，有强壮之美，鹊有弱柔之妙，两物阴阳相合，欢欢喜喜，寓意美好的爱情。

◎门腰板 浮雕 鱼水图
清初 皖南 46x18cm

景物、水波运用写意的手法，鱼儿写实，虚实相合，构建了柔美和谐的鱼水图画。腰板上彩粉因数百年岁月而脱落，淡红浅绿，斑斑驳驳，更具古雅之美。

◎窗腰板 浮雕 鱼水图
清初 皖南 46x12cm

水草飘荡，水浪翻腾，鱼游其中。匠师在实践创作中不断完善，运用写意的艺术表现手法，构成鱼与水的美妙佳境。

木结构建筑中常见水波、水纹，这是因为木结构建筑怕火，传统风水观念认为，水波纹在木结构建筑中有辟邪的作用。

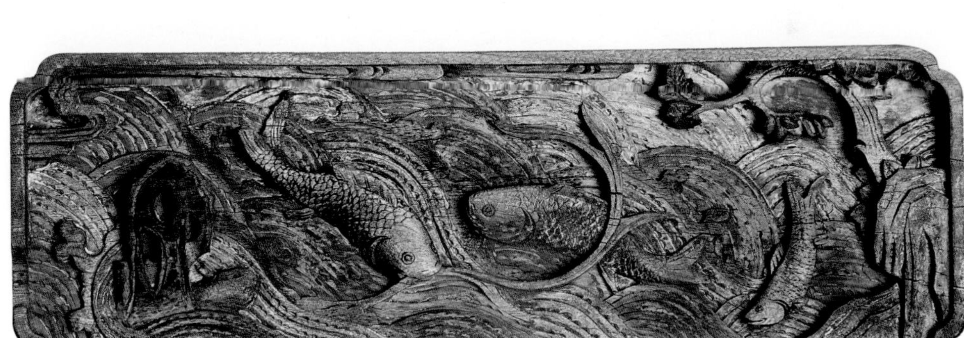

◎ **窗腰板 透雕 龟鱼图**

明末 皖南 38×38cm

水波水草中，乌龟为媒，双鱼相欢，鱼水之情表达了美好的爱情。双鱼刀工简约，刀法秀丽，可见双鱼和谐美满之神情。

而另一块腰板龙在祥云中，鲤鱼在波涛里，天上有五只小鸟。不知典出何处，有待读者指教。

◎ **窗腰板 起凸浮雕 瑞禽瑞兽图**

明代 浙东 47×16cm

从宋《营造法式》的图录中看，宋式门窗木雕满板浮起，镂空，花卉图案主题突出。在色彩上也使用『大绿』、『大青』等色料。这二板明代雕板依然有宋式遗风，按《营造法式》中所载的图式称『起凸浮雕』。

◎**窗腰板 浮雕 双狮麒麟图**

明代 浙东 48x14cm

木雕出于浙江宁海民居，这幢明代四合院坐落在国画大师潘天寿先生的故居南面，九十年代倒毁，至今遗址尚存。

狮子应是戏球，人们习惯说是双狮抢绣球，成了争夺之意，事实上传统本意是喜庆吉祥。『戏』亦寓意男女相欢。

在明代木雕中，常见麒麟和狮子一样嘴巴扁大，有须有角，如龙首。

局部

◎**窗腰板 浮雕 飞禽走兽图**

明代 浙东 38×17cm

腰板风化严重，但在木雕鉴赏中，称之为『老气』，这是岁月久远才有的表面质感。神禽异兽面对日月，一图雕奔马、云、水、山、月，一图雕祥云、仙鹤。值得一提的是其中一只仙鹤，两翅相合形成一个『心』形，构图独特。

局部

◎雕板窗 浮雕 『贪』图

明代 江西婺源 87x42cm

『贪』是传说中的异兽，从图中看，身披绶带，证明了他功成名就，脚踏百宝，肯定了他拥有非常的财富。然而，传说中的『贪』，是已经拥有世界万物，还想拥有太阳，借着绶带和百宝也是名誉和财富的力量冲向高空，想一口吞下太阳，最后被太阳焚毁。

『贪』图也常见于官堂上，警示权势者的行为，教化封建社会统治者的灵魂。

局部

◎**雕板窗 浮雕 太狮图**

明代 江西婺源 87x42cm

香樟木雕刻，雕板窗外框一圈拉不断纹饰，双线回钩纹中间镶有十个变体『福』、『寿』文字。主题雕太狮图，宽嘴，纵目，脸面对称，粉彩着色，神态近人可亲，开光圈线上饰四组钱纹草叶图，四组文字般的图纹，尚不知是什么图案。

◎ **窗腰板局部 浮雕 月兔图**
清中期 浙东

图中兔子、山石、瓶器、宝扇等摆设和天上的月亮巧妙地雕刻在同一画面上。自古月亦抒情，兔亦多爱，月兔千古恋情家喻户晓。

◎ **窗腰板 浮雕 双狮图**
明末 浙东 31×18cm

明式的木雕狮子有几个主要特征：一是双目上视，嘴巴扁扁；二是慈祥近人，可以与之相伴亲近；三是强调程式化和图案化。这品腰板，双狮构图对角对称，狮面也有程式化的图案，神情憨厚慈祥，具备明式狮子特征。

◎**门芯板 透雕 凤凰牡丹图**

明代 浙东 38x16cm

凤凰是百鸟之王，牡丹是百花之王，二者都代表女性。

这块腰板中牡丹枝叶卷曲，线条流畅飘逸，凤鸟也呈流畅S形，动作十分夸张。翅、尾以放射状展开，动感极强。

◎**窗腰板 透雕 麒麟观日图**

明代 浙中 42x17cm

麒麟有『圣兽』、『仁兽』之美意，也是祥瑞之兽。太阳更是光明之源，具吉祥之兆。

图中麒麟有憨厚神情，君子风度。

◎**窗顶板 透雕 福寿麒麟图**

明末清初 浙东 68×20cm

中间方正福寿二字，如同宝鼎，庄重而且充满阳刚。两侧对称刻一对麒麟。值得一提的是，图中卷草云纹是当时常见的构图，但麒麟尾巴上的卷草尾纹并不常见。

◎ **窗腰板 透雕 瑞兽图**

明代 皖南 32×14cm

瑞兽在卷草宝珠云纹中奔跑。因为是瑞兽，是天上之物，伴星星、伴月亮、伴太阳，是神仙的境界，故一层卷草宝珠纹朦朦地包含着神兽，神兽穿透在其中，显得神秘奇异。

◎**窗腰板 透雕 凤凰麒麟图**

明代 皖南 42×18cm

皖南的建筑木雕应用广泛，木结构建筑的大梁、梁托、牛腿、门窗腰板施以木雕装饰。透雕窗腰板二层台阶，四角委曲，每板三禽一兽，压缩在窗腰板上，极具动感。凤凰麒麟图因岁月久远风化，已不见刀痕琢迹，但更具古朴美。

◎**门裙板 浮雕 麒麟凤凰图**

明代 浙东 26x21cm

麒麟不但是英武仁慈的化身，也是贤良臣子的象征，更是完美人格的榜样。有凤来仪、百鸟齐鸣是对高贵宾客的称颂，也是尊贵女性的代表。

◎**窗腰板 浮雕 飞禽走兽图**

清初 浙中 35×16 cm

木雕作品，经过雕刻、打磨、着色、上漆，成为艺术品。然而在阳光、雾水，在数百年风霜的作用下或风化，或破残，或已不见原创表面的华美，留下了木质原有的本色。木雕作品的本色便有了天工和人工结合的超越时空的完美。

◎门腰板 浮雕 麒麟凤凰图

明代 浙中 76x14cm

古人以兽喻男，以禽喻女，含蓄地表达美好的爱情。

这品腰板锦地中起突浮雕，窗腰板在二层台阶和委角中开光，满工雕刻，地子很少。动物劲行疾走，极具动感。神情憨厚而慈祥，有神物应有之品格。锦地细致，动物形体夸张，神态奇妙。木质呈淡黄色，表面有细绒毛，如同人体肌肤。

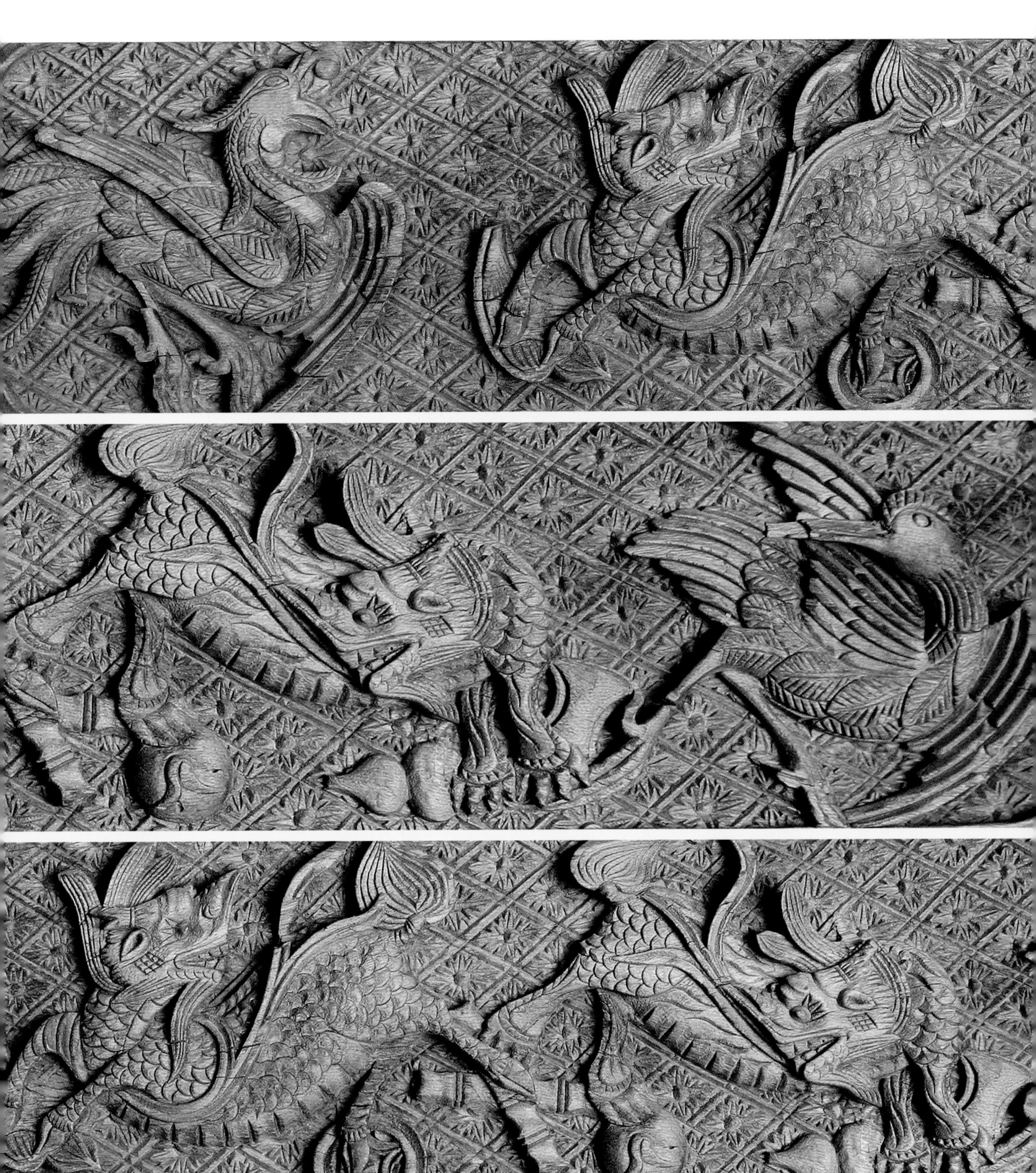

◎ **窗格芯 浮雕 瑞兽图**

清初 浙东 60×35cm

明式木雕构图清初开始出现非图案化的画面。这几品瑞兽图便开始有了远山近水的背景，树木、山石、野草等写实的景物。瑞兽也是取其运动时美的瞬间，或回头探望，或昂首前进，表现了匠师对动物神情的准确把握。

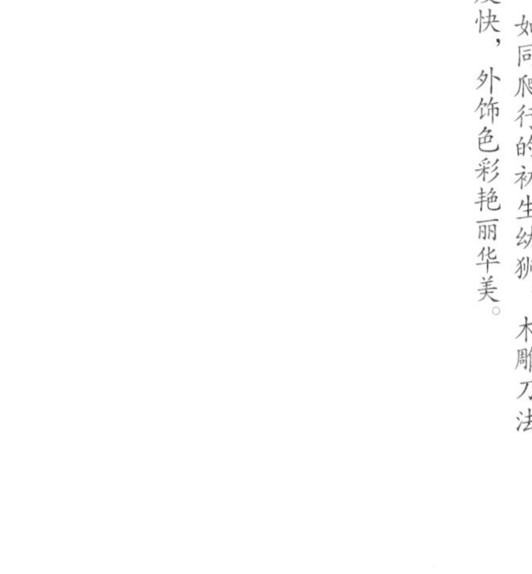

◎ **窗腰板 浮雕 双狮图**

明代 皖南 39×11cm

这块腰板有狮首对称构图，狮子抬头双目平视，扁平嘴巴，如同爬行的初生幼狮。木雕刀法简约，走刀速度快，外饰色彩艳丽华美。

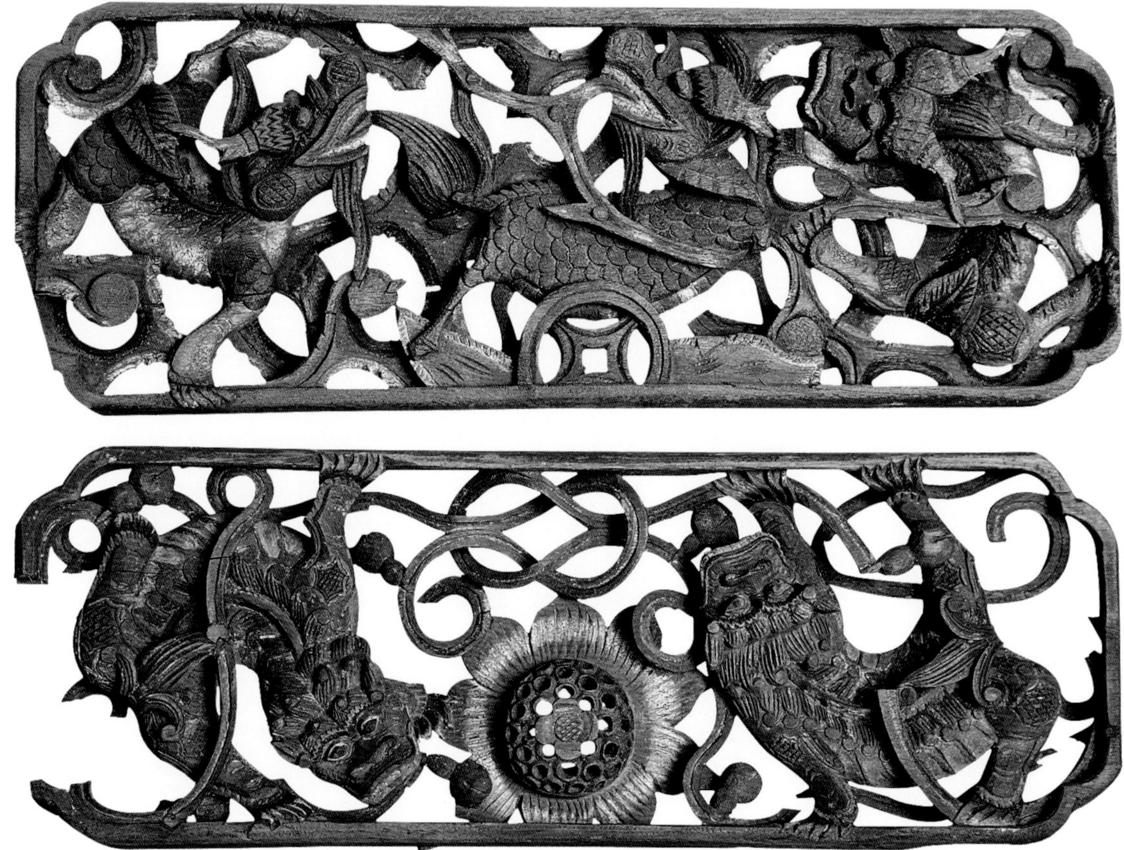

◎窗腰板 透雕 双狮麒麟图

明代 皖南 39×16cm

双狮在两侧，麒麟居中，和谐相处。明清建筑木雕中狮子和麒麟同一画面中的作品并不多见。匠师大胆地把狮子的脚伸出开光线条外，使画面不限于线条之内。

◎窗腰板 透雕 粉彩双狮图

明代 皖南 39×13cm

狮子原名狻猊，是兽中之王，传说因产于『狮子国』，故称狮子。太狮是古代辅弼天子的官职称谓，少狮是辅导太子的官职官名，也是高贵的象征。这品双狮图，形态生动，神情憨厚可爱，窗腰板色质古朴。

◎**窗腰板 浮雕 飞禽走兽图**

明末 浙东 30×16cm

边线委角，二层台阶，浮雕中略有镂空雕法，故看上去空灵，采用深刀切法，故刀脚较清，显得刀刀可数。也是因为刀刀流畅，不见败刀和滞头、转刀，故看上去十分顺眼。

以刀法取胜是木雕技艺的重要特征之一。

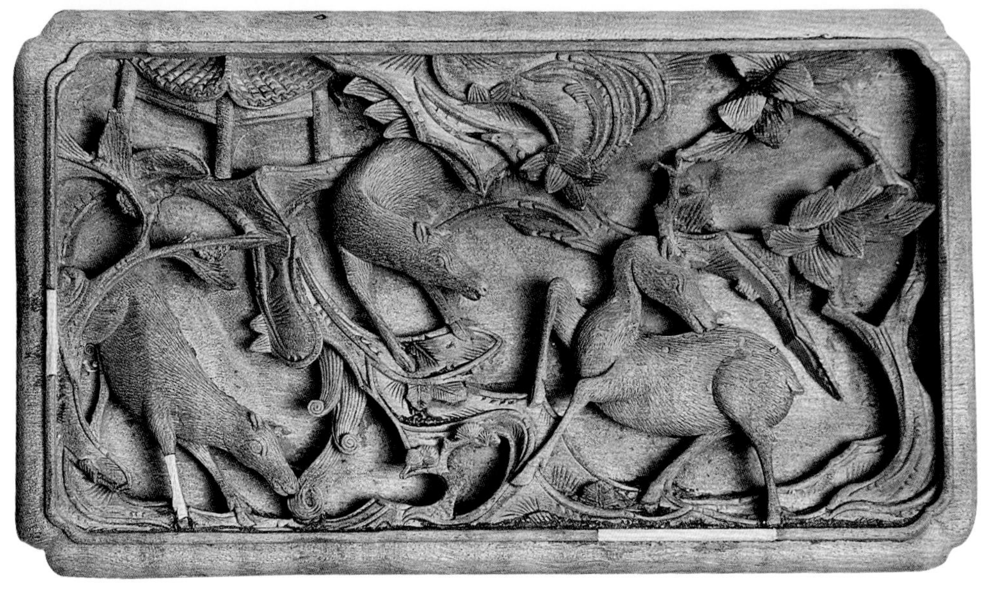

◎ **窗腰板 浮雕 百鹿图**

清初 浙中 35×22cm

在原野上，在山林中，鹿群自由和谐地生活，鹿的皮毛细致用刀，山石背景粗放施艺，形成对比。差异之美也是民间木雕追求的形式之一。

◎**窗格芯 透雕 柳林小鸟图**
清初 江西婺源 26x13cm

透雕小品，很有趣味，垂柳一分为二，夸张而拙朴，小鸟昂首独立，振翅欲飞。一件小木雕，把我们带回无忧无虑的孩童时代。

◎ **雕窗 花鸟博古图**

清初 浙东 132×68cm

木雕分别是窗格子、窗腰板、窗顶板，由上中下三块木雕组合成雕窗。

窗格芯透雕菊花、喜鹊、梅花鹿，鹿嘴含灵芝。菊花雕满宝相花般的如意纹，菊叶卷叶成珠，枝头上生出如意草，并非写实的植物，分明是完美的吉祥草。

顶板中也是一组锦鸡菊花图，杞菊延年，强调了祈求长寿的主题。腰板上浮雕寿屏、铜鼎、宝炉、苍松、兰草，造型清雅秀美。

◎**窗腰板 浮雕 飞禽走兽图**

清初 浙中 32×17cm

对于古人风俗、习惯、理想和期盼，尽管民俗学者极力探寻古人曾经有过的思想，研究曾经有过的文脉，但历史总是无情地淹没更多事实。这二品腰板一图见喜鹊和鹿，应是『喜乐』，凤和麒麟表示『凤毛麟角』，形容珍贵、珍奇。

◎**门腰板 透雕 飞禽走兽图**

清初 浙中 48×17cm

神兽上首有一太阳，太阳光芒由云珠纹放射而成，是传说中已经有功名和财富，但还想拥有太阳的『贪』吗？那么火凤凰在这里又是什么角色呢？

◎**窗腰板 浮雕 喜乐图**

清初 浙中 47×17cm

三只喜鹊闹春，一对美鹿呼和，满板喜庆。飞禽走兽和松石以及背景的布局看似很随意，但虚实间有一定的规律。

◎ **窗腰板 浮雕 飞禽走兽图**

明末 浙中 36x17cm

这四品腰板从图案和刀法来看，有明代作品常见的角线和花叶动物图案特征。

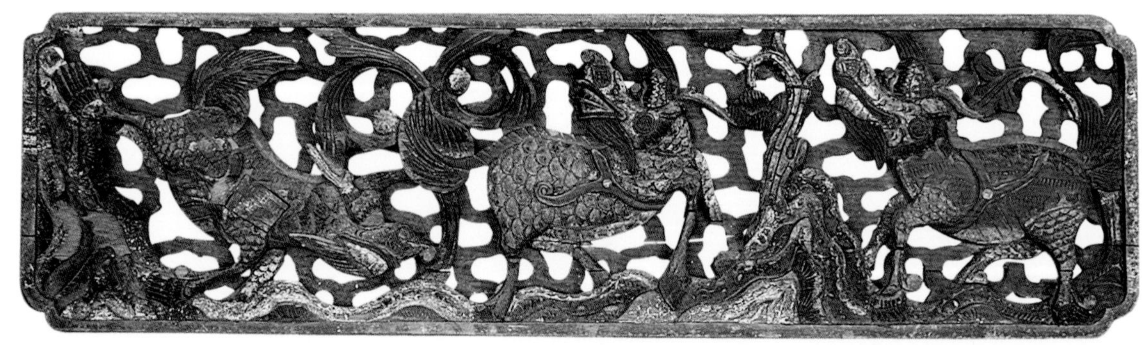

◎ **窗腰板 透雕 飞凤麒麟图**

明代 皖南 56x20cm

「凤毛麟角」形容事物珍贵稀有。从画面中可以看到凤和凰在冠上有明显的不同，麒和麟在皮毛麟甲上的差异。

◎ **窗腰板 透雕 麒麟图**

明代 皖南 47x15cm

由平整的网纹透雕底子作衬托，画面由透雕和浮雕组成，这样可以随意建立画面布局，无须由卷草云珠纹或绶带彩结连接图像。

图中麒麟或抬头，或回首，或俯身，形态古拙，神情古怪。

◎**窗腰板 透雕 飞禽走兽图**

明末 浙中 38×18cm

腰板有古铜色的质感，黄金贴面的初创品质，古朴中领略当年绚丽的装饰。吉梅盛放时节，一禽一兽，恋人般地相互瞩目和沟通，天地之间顿然和谐完美。

◎窗顶板 透雕 花鸟图
清初 浙中 48×20cm

腰板分三段构图，中间开圆光，雕团寿，两侧分别是仙鹤祥云，边线阳起，边角呈委角。

◎**窗腰板 浮雕 福寿图**

清初 浙东 38×25cm

祥云悠然，五蝠展翅，福气益寿。木雕轻施力凿，巧妙构思，祥云慈蝠，瑞气满天。

◎**窗腰板 浮雕 大狮少狮图**

清初 浙中 51×19cm

图中见二狮，宝书一卷，官帽一顶，右上方又有一蝠，彩球上一寿字，好一幅福禄寿禧图。图中太狮少狮，神情和谐可人。作者捕捉了狮子戏球运动中的瞬间。彩带上铜钱上刻的满文证明，应是清代作品。

◎**窗格芯 浮雕 飞禽走兽图**

清初 浙东 36x36cm

开光中，一凤一麟，和谐呼应，呈现了大自然美好的景象，给观者带来吉祥的气氛。窗格芯正圆开光，禽兽、草木、天地相济相合，构成和美的图案。

◎**窗腰板窗顶板　浮雕　飞禽走兽龙纹图**

清初　浙中　38×17cm

浮雕为窗腰板，透雕是窗顶板，上虚下实的做法是明清门窗上常见的做法。因为腰板低，高度在人活动的视线内，为保护室内隐私故用浮雕。顶板在窗格上面，和窗格一样可以贴宣纸，而不会破坏宣纸，透雕顶板冬天糊纸保温，夏天洗掉宣纸通风纳凉。

顶板透雕单龙，窗分左右二扇，便成双龙。单龙成S形，简约空灵。腰板浮雕飞禽走兽，成异向转身相望状，表现了和谐的气氛。

◎**窗格子　透雕　花卉云鹤图**

明末　浙中　66×29cm

花开正面，祥云双侧起线，仙鹤振翅欲翔。木雕刀法简约，虚实相间，阴阳和谐。

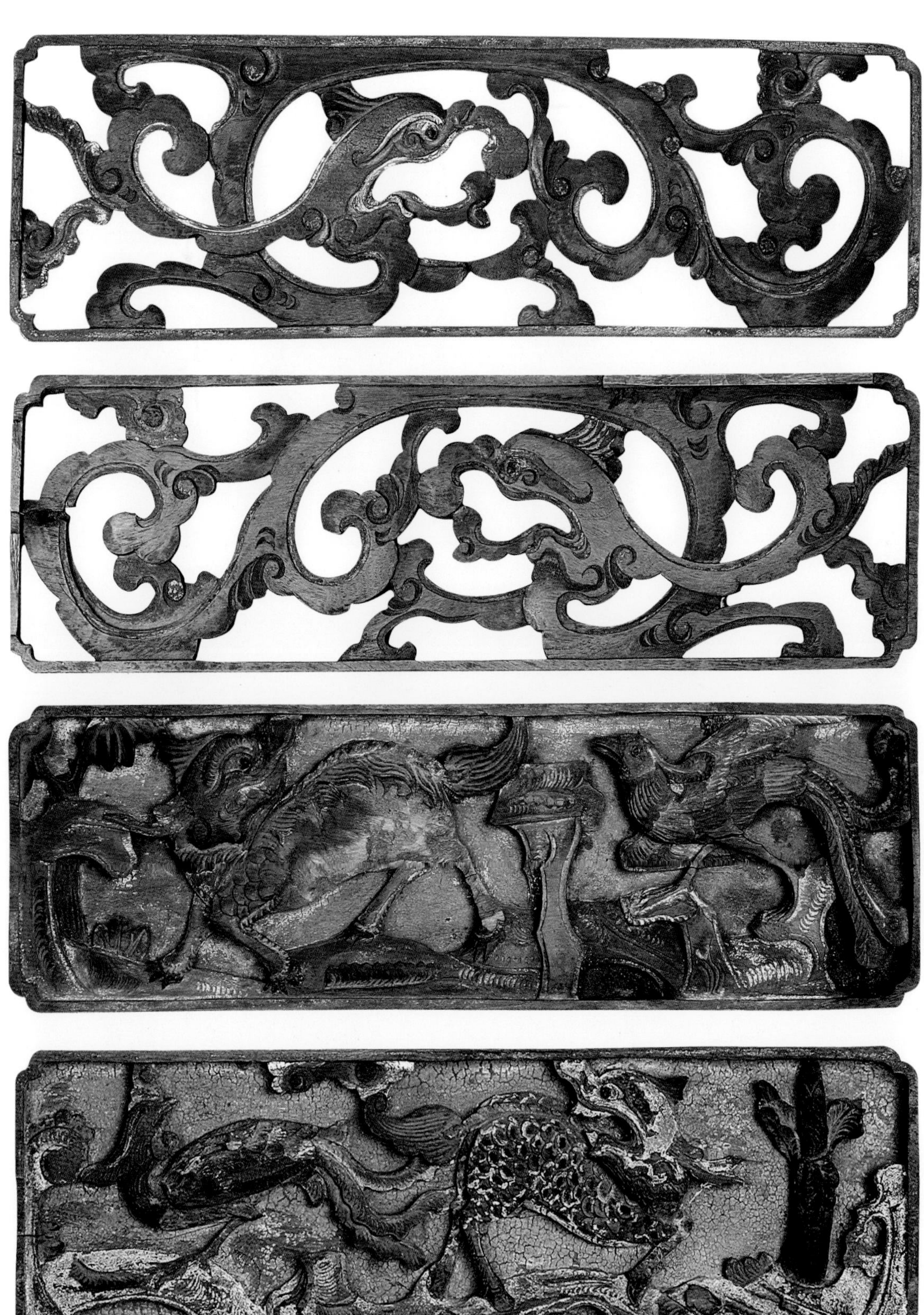

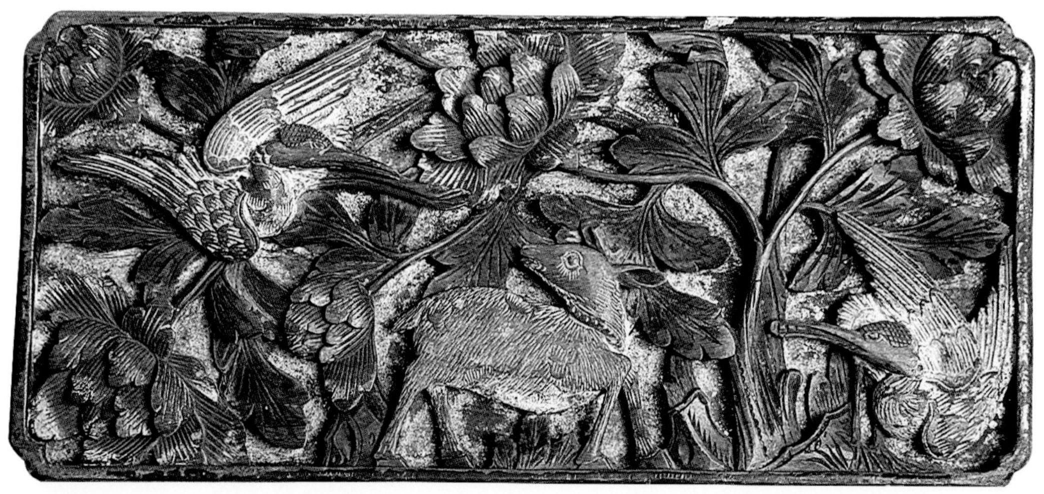

◎**窗腰板 浮雕 五彩花鸟图**

清初 浙中 36×18cm

梅花表示春天，荷花表示夏天，菊花表示秋天，向日葵表示冬天，四季花卉都是门窗木雕常见的题材。梅中喜鹊，菊下鸡，荷中鸳鸯，葵下玉兔，都是多情的动物，隐藏着对爱情的美好追求。

◎门腰板 浮雕 花鹊图
清初 浙中 28×28cm

梅鹊图，三个半朵重合开放的梅花，三朵含苞欲放的花蕾。另一板是菊花中的喜鹊。作者用敏锐的目光捕捉了花丛中喜鹊『相恋』时极具动感的瞬间。

◎**窗格芯 透雕 仙鹤展翅图**

明代 浙中 26×26cm

仙鹤振翅欲飞，这类装饰图案在明式家具上常见。事实上，家具和门窗木雕上的雕刻出自同一匠作之手，有着一致的审美理念。匠师大胆地把仙鹤的双脚和嘴巴伸出开光外面，打破框线，使画面自由奔放。

◎**窗格芯 透雕 仙鹤展翅图**

明代 浙中 26×26cm

开光中刻一仙鹤，脚下祥云悠悠，让人感到有仙界意境，虽然整板风化严重，但鹤顶可见一点朱色残迹，依然生气灵动。

◎窗格 彩漆 龙纹人物图

清初 皖南 102×61cm

楠木，独板雕窗。外框浮雕卷草纹，中间透雕空灵的二对卷尾草龙，二组寿山福海图。格芯雕戏剧人物，背景数技杨柳，三吊松针，几叶青草。人物神情优雅，形态生动可爱。彩漆已褪去几分，但更加典雅。

局部

◎窗雕 浮雕 对弈图

明代 江西婺源 87×42cm

在花卉饰边的格芯中，大树下，夸张的石棋桌上，两位士人模样的在下围棋，一仆人捧茶跪侍于侧，尊卑明显。人物面开正面，衣衫简约厚重，这也是明代木雕人物特征之一。

◎雕窗 透雕 粉彩花鸟人物图
明代 江西婺源 87×42cm
繁花似锦，丹凤绚美，枝盛叶茂的背景中开一朵大花卉，开光正中坐一生抚琴，两侧老者和妇人倾听。房屋见四柱、三梁、一额，高度概括，背景由祥云衬托。

◎雕窗 透雕 粉彩花鸟人物图

明代 江西婺源 87×42cm

边线阳起委角，边饰一圈半朵正开花卉，主背景由十字斜线相交成花卉窗格，交接处也有一朵正开花卉。格子内各有飞禽走兽和侧开花卉。中间开光才是中心主题，刻一杨柳，一红袍官人，又见春水东流，可见『春风得意』图意。雕窗内容丰富，色彩绚丽。素雅简约是文人士大夫的追求，绚丽华美是社会大众的热爱。

◎ **雕窗 透雕 粉彩花鸟人物图**

明代 江西婺源 87×42cm

竹下樵夫，表现出神气十足的姿态，竹子、竹笋和竹中飞鸟形成超脱于世外的自然画卷。开光内竹、鸟、水、人物同儿童画一般简约，而开光外的牡丹凤凰，繁花丽鸟，色彩浓艳，形成了强烈的对比。

◎雕窗 透雕 粉彩花卉人物图
明代 江西婺源 87×42cm

开光外主题是凤凰牡丹图，盆中数枝牡丹，错枝茂叶，花朵盛放，形成由花、枝、叶构成的立体图案，虚实间极具法度。几只凤凰在花丛中昂首行走，融为一体。明式门窗木雕把花鸟图案设计得惟妙惟肖。

中间开光，刻『品茗图』。屋顶、案柱、桌构图古朴，但人物形象尚不成熟，和开光外精美的花鸟图案形成对比，可见当时当地匠师在建筑木雕运用中题材上偏精于花鸟。

◎ **窗腰板 透雕 福禄寿喜图**

明代 浙东 27×16cm

一套三块，在二层台阶边线的开光中，雕福星、禄星、寿星和童子，并鹿、鹤、如意等，强调福禄寿喜主题。人物脸面以程式化和图案化形式出现，稚拙可爱，着厚彩，经历数百年，外表看去如同铁铸一般。

◎ **窗腰板 浮雕 二十四孝图**

明末 浙东 38×17cm

木雕出自浙东黄坛杨家古村，上世纪九十年代建筑尚存，现在建筑中堂已毁，倒座两侧仍残存石雕荷花池围栏，明末建筑。

二十四孝是传统社会宣传孝道的重要故事。明代门窗木雕图案中的家具，是当代人雕刻当时流传的家具式样，门屏的木雕装饰也是有鲜明的明代风格，这些不同门类的实物互为印证，为同时代的门窗木雕、门窗格子、家具等断代提供了十分有价值的信息。

◎ **窗腰板 透雕 人物图**

明代 浙中 22×16cm

人物服装厚重，形象古拙，神情幼稚。有另一种韵味在里面，如同看幼儿园里小朋友的绘画，天真、活泼、富有童心和自由。

◎窗格芯 浮雕 蛮人图
清初 浙东 26×26cm

人物卷发，着异服，面容慈祥，一图见一人轻打磬石，似在演唱清平乐。一图一人戏幼狮，且被幼狮咬住耳环，极具趣味性。艺术总是突出主题，强化主题。

二品蛮人图人物造型准确，神情专注，刀法柔和而有法度。

◎窗格子内芯 透雕 和合二仙

清初 浙东 27×19cm

民间传说『和合二仙』是唐代隐居于天台山上的二位高僧，名寒山、拾得。二僧少时贫寒，难以为生，然二僧相依为命，共济饥寒之苦，被世上传为佳话，最终修练成为名僧，后来，『入穴而去，不知所踪』。清雍正年间，皇帝曾敕封寒山为『和圣』，拾得为『合圣』，从此『和合二仙』成为人们『百年和合』的奉祀圣像。木雕刀法简约，数刀成形，形中见神，故十分耐看。

◎ **窗格芯 浮雕 博古图**

清初 浙东 19×19cm

一件博古图中主题是方形龙纹香炉，另一件则是三足圆形龙纹香炉，一方一圆形成对比。人有人品，物有物性，人品见于德貌，人谓品德、品貌；而物性亦有所属，或俗、或雅、或有拙味、或有神韵。物品由点线成面，点线成器，故艺术品的一点一线见属性，如同一言一语见人品。

◎窗腰板 浮雕 博古图

清初 浙东 28×14cm

博古图器物精致，极具文心，一炉盖上刻回头幼狮，造形严谨不俗。另一品博古图中间是微型书架，架中存四书五经，文雅之气顿生。

◎**窗格芯 浮雕 博古**

明末清初 浙东 59×36cm

摇杆窗是指窗边有摇杆转轴，承支在窗臼上开窗关窗摇转的推窗。

整板雕刻，中心饰朱金博古，从器物的造型中看，虽无商周高古之风，但亦有宋元庄重、厚实之气，绝无清中期精细繁复之累，故必是明末清初之物。

从器物中看有铜鼎、宝瓶、漆器、古砚、香炉、砂壶，造型古朴，装饰华美，呈现了精品文物博览的画卷。

◎ 窗格芯 浮雕 博古

◎ 窗格芯 浮雕 博古

◎ **雕窗 浮雕 水上人家图**

明代 江西婺源 99x46cm

曲水穿城而过，三组建筑各不相同，柳叶条门窗格子，夸张的山石、树木，翻腾着的水浪和逆水而上的舟船，组合成一幅江南繁华的景象图画。

几户人家依水而筑，数条舟楫顺水而下，杨柳吐绿，春到江南，人与自然和谐地共存天地间。谁家客至？或主人归来？

画面上村在水中央，家在湖堤旁。自古以来，人们依水而居，或凿井或引流。图中水上人家，一舟泊岸，一舟顺风而下，一舟独钓清江水，虽柴门竹墙，亦神仙境界。

一组四品雕窗，取景相同，风格一致，描述水上人家如梦般的春江岁月。布局严谨而有法度，色彩浓重而华美。

◎雕窗　浮雕　水上人家图

◎ 雕窗　浮雕　水上人家图

◎**窗转轱 浮雕 丹凤朝阳图**

清初 浙中 长48cm

窗臼是固定摇杆窗转轴承，但匠师把功能性的构件巧妙地演变成建筑的装饰。

窗转轱上雕刻一组丹凤，而转轱的空洞自然成了太阳，巧妙地构成丹凤朝阳图。

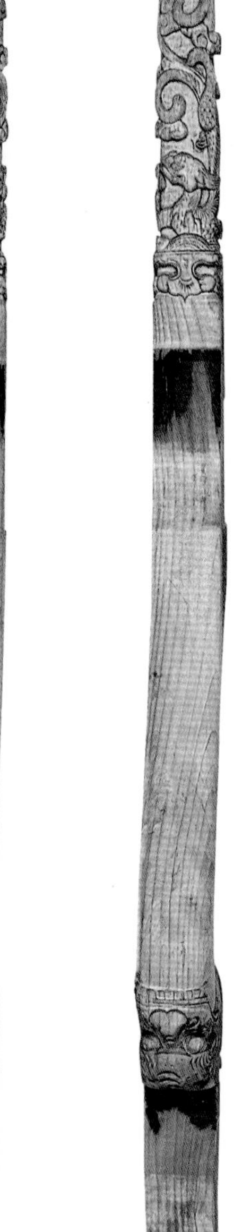

◎**窗锁 浮雕 龙凤兽面纹**

清初 浙东 长55cm

窗锁是摇杆窗关闭后的插锁，下端雕兽面，上端刻龙凤图案。龙系卷尾草龙，凤凰独立昂首，从龙凤图案中看应是清初康熙时期制作。

◎**窗锁 浮雕 双狮图**

清初 浙东 长7cm

窗锁雕饰一对狮子，如同建筑望柱上的端倪，中间是如意钱纹，锁头刻如意云纹，三点连成一体，成就了单独完整的工艺品。

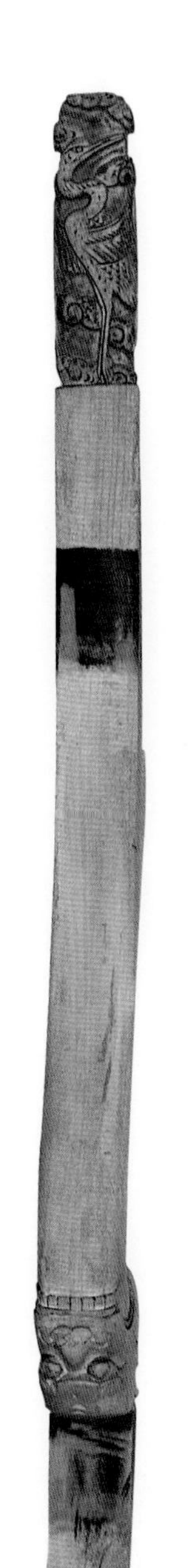

◎**窗锁 浮雕 龙凤兽面纹**

清初 浙东 长55cm

◎明式门窗木雕

◎明式堂门和木雕

第六章

清式建筑门窗木雕篇

◎浙江兰溪诸葛古村民居

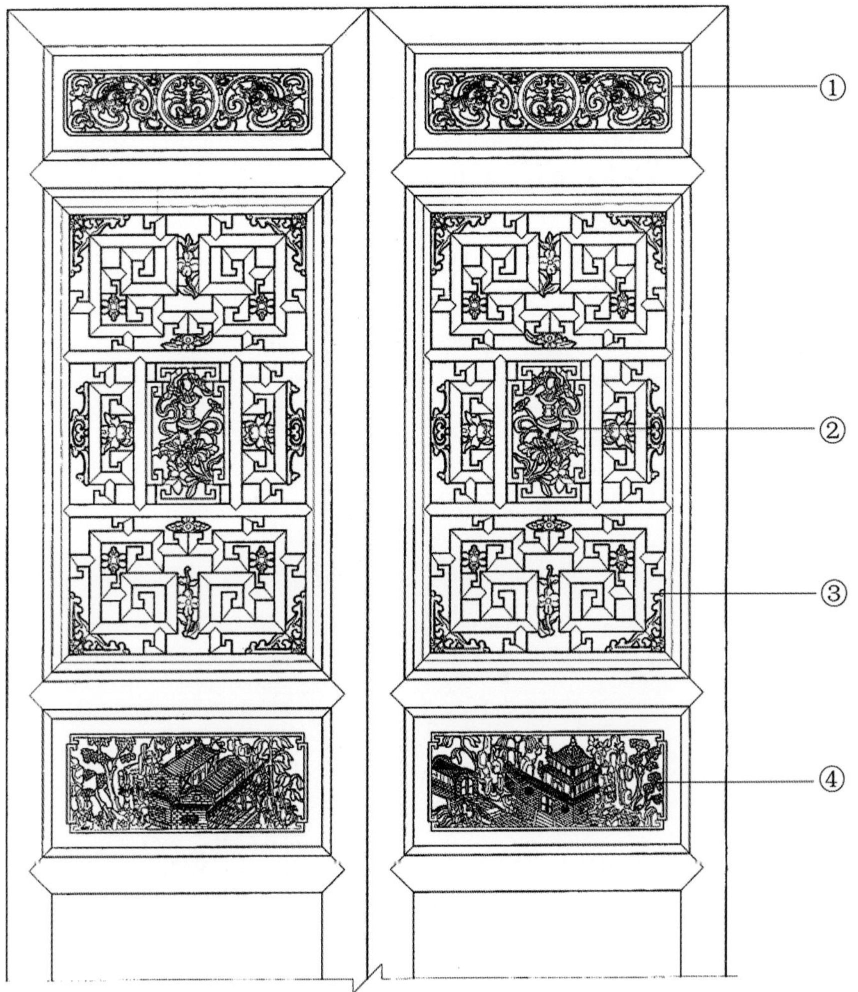

1. 上挡板
2. 门窗格芯
3. 门窗格子
4. 门腰板

◎ 门窗木雕在门窗中的位置

◎浙江宁海黄坦村厚诒堂

厚诒堂，位于浙江宁海黄坦村。

黄坦村是严姓聚居地，据严氏族谱记载，厚诒堂由严廷撰于乾隆四十四年（1779）动土兴建，正屋面阔三间，为抬梁穿斗混合式结构。堂上金柱横梁下悬有『厚诒堂』堂匾一块。门窗木雕主要以浮雕为主，浅雕花鸟、人物。门窗腰板中的木雕构思严谨，地子清净平整，雕工精致，情景交融，具有文人意境。

（厚诒堂系浙江省文物保护单位）

◎ 厚诒堂堂匾

◎厚诒堂堂门窗木雕

◎ 厚诒堂堂门

◎清式窗格木雕

◎门芯格 透雕 仕女图

清中期 浙东 39×18cm

人物背景在斜纹格中开光柿蒂纹，透雕的格芯为了和窗格形成一致的空灵，统一虚实效果，达到和谐之美。

人物面如满月，神态宁静可人，腰带绳结柔和逼真。艺术来自于生活，这是一件清朝人雕清朝人的作品。

◎ **门格芯 透雕 人物图**

清中期 浙东 39×18cm

图中不知是何许人。人物双目上视，充满自信，夸张的形体和变形的鞋子一气呵成，形成一致的浪漫效果。人物一手捧元宝，一手按宝剑，显示了财富和权势。

◎ **窗格芯 透雕 仙人图**

清中期 浙东 22×13cm

如意纹的开光中，祥云悠悠，仙人骑龙驾凤，吹笛拉琴。透雕的空灵背景中，龙凤舞，仙乐起，吉祥和美，好一幅如梦般的神仙境界。

◎**窗格芯 透雕 人物图**

清中期 浙中 28×16cm

柿蒂纹开光中，底子上半部分透雕，下半部分浮雕，透雕空灵为天，浮雕实底为地，阴阳各半。人物形体骨骼结构准确，衣饰刀法简练，神情生动，耐人寻味。

优秀的木雕直接反映在运刀的法度上，从运刀法度中掌握线条粗细，转角的大小，从而达到准确地表达画意的目的。

◎**窗格芯 浮雕 高士图**

清中期 浙中 35×26cm

窗格芯以浮雕为主，但左上角留一点透气，使构图有了几分空灵。

木雕不见雕痕逐迹，磨去棱角形成泥塑一般的视觉效果，是木雕技艺的风格追求。这品高士图比较独到，刀脚如水墨淋漓，深浅结合，浓淡相宜。人物形象变形夸张，但有法度。体现了作者在木雕技艺成熟后不拘成法、独创一帜的艺术追求。

◎**窗格芯 透雕 仕女图**
清中期 浙东 30x21cm

松下佳人面如满月，神情优雅。主人手执梅花，婢女双手捧梅瓶，预示梅花的高洁。

木雕刀法精致细巧，衣饰轻飘，如春蚕吐丝般柔和，表现了匠师的刀法和技艺功力。

◎ **透雕 门格芯 人物**

清中期 浙东 24×24cm

海棠图案开光背景，缠枝纹透雕。衣饰、鞋帽走刀熟练，人物动作夸张生动，笑容灿烂可爱，有发自于内心的喜悦。民间木雕作品虽然简单，但不失单调，这便是简约，简约是明清木雕技艺的高度，远胜繁雕缛饰有工无艺的俗品。

◎ **窗格芯 透雕 人物图**

清中期 浙东 41x27cm

窗格芯以柿蒂图案为背景，外饰拉不断阳线，嵌以小瓜果，显得细巧精致。图内浮雕人物，落刀轻巧，起刀熟练，分别是才子佳人和祈福祝寿图。木雕人物有一定的概括能力，神态幽默生动，奇趣不俗，不失为一组耐看的雅品。

◎**窗格芯 透雕 孔明图**

清中期 浙东 38x24cm

诸葛亮，字孔明，三国时谋士，是家喻户晓的智慧化身。孔明头戴方帽，一手提拂尘，一手摇羽扇，神情自若，心算如神。从构图上看，人物运用了夸张的表现手法，衣纹则圆劲中略有转折顿挫，显得十分合度。

◎**和合窗芯 透雕 仙人图**

清中期 浙东 51x51cm

和合窗是浙东民居中常见的房窗，白天左右推开，晚上左右推合，多用于婚房窗户上，故名和合窗。窗格背面糊纸，因此木雕窗格芯后面要求平整光滑，具备冬天糊纸保暖，夏天洗去宣纸通风的功能，故透雕满天祥云。

仙人卷发，面容饱满一致，姿态奇妙，神情可爱，在细致的透雕花纹背景上尤其清逸。

◎ **窗格芯 透雕 吉寿图**

清中期 浙东 32×17cm

童子手捧一只宝瓶，瓶内伸出一戟，意为平升一级。老者手捧仙桃，一手扶龙杖，弓背长须，老态龙钟，仍可见老健风度。

作品细腻地表现了脸部细节，表达人物的精神和气质。

◎**门格芯 透雕 狄仁杰图**

清中期 浙东 41×41cm

狄仁杰，字怀英。对比《无双谱》，人物的衣冠动作基本相同，但人物面部特征略有不同。《无双谱》是流传较广的人物画谱，收录历代帝王将相、名人贤士。

作品银杏木制作，构图大气，衣饰上团龙图案细心用刀，看上去十分雅致，作品刀脚清晰，刀法精练。

◎窗格芯 透雕 人物图

清末 浙东 46x28cm

格芯柿蒂纹作背景，祥云厚积，线条优美。一格芯图中雕陶公爱菊，一图是老道腰佩葫芦，童子手捧布包，不知典出何处。

木雕在施刀时由运刀技法构建的线条，可见优美的人物结构和外表衣饰，用简单的刀法刻划了人物神情，简约的景物渲染气氛。

◎**窗格芯 透雕 蛮人图**

清中期 浙东 34×34cm

蛮人满头卷发，穿着异国服饰，手握如意，一手与幼狮相嬉，神情专注、高逸。背景中石不沉重，树不累密，在透雕中有灵动之感。

◎**窗格芯 透雕 人物图**

清中期 浙东 43×23cm

一男一女，应是戏剧人物。男的手持宝剑，女的手握长抢，似乎是一对习武之人。但两人都面如满月，凤眼相对，含情脉脉，应是《杨家将》剧本中的杨宗保和穆桂英。

桃源洞
日

◎**窗格芯 透雕 文士图**

清中期 浙东 36×30cm

四品一组，分别是『和靖咏梅』、『陶渊明爱菊』、『渔翁』和『寿星』图。童子肩背梅、菊，老者持杖而行，眼睛专注地看着梅、菊。木雕简约而又大胆地运用熟练的刀法，既勾勒了华美的衣饰图案，又准确地把握了人物的神情。渔翁代表长寿，代表世外桃源清静的隐逸生活。

◎ **窗格芯 透雕 戏剧人物图**

清中期 浙东 52x32cm

在民间，逢年过节和庆贺丰收时节要在祠堂里的戏台上演戏，这些戏剧里的人物是人们津津乐道的。拿枪的是谁，提刀的是谁，在传统社会中，民间士人和普通百姓也能明白，甚至文盲孩童也会在大人的指点下知道一二。而现在我们却很难把握作品的题材，因为戏里不同的剧目人物的生、旦、净、丑是特定的脸形，类似的装束，一样的动作。

这品木雕惜刀如金，但成功捕捉了人物运动的瞬间，准确地塑造了戏剧中传神的戏剧人物造型。

◎ **窗格芯 透雕 动物**

清末 浙东 38×24cm

清末，民间木雕的题材和风格顺应了时代的潮流，和当时文人士大夫的绘画一样，吸收了西洋艺术风格。这二品动物分别是狮子和梅花鹿，形象一改传统写意形式的特征，已有了准确的比例和透视效果，但线条构建依然有传统木雕表现手法的痕迹。

◎窗格芯 透雕 动物图

清中期 浙东 42×23cm

梅花形开光中，松、枫、花、云、石之间，双马、双羊安然地生活在大自然中，画面清透、精致，充满空灵之美。木雕运刀沉静，慢刀细刻。工匠把大自然的花鸟树木、云水山石尽收一板之中。

◎**门腰板 浅浮雕 人物博古图**

清中期 浙东 39x16cm

板面布局分三段，中间刻人物，两侧各刻几、屏、瓶、盒、镜、剑、杖等吉祥雅物。人物不知典出何处何许人。作品用刀沉着，人物骨骼清逸，架势幽默，神情奇妙，醉态如痴，似一幅醉后狂舞图。

◎ **窗格芯 透雕 钟馗嫁妹图**

清初 浙东 30×18cm

民间传说，钟馗考中进士，并被点中状元，无奈皇上见其容貌丑而反悔。钟馗气愤至极，撞死于金銮殿上，后幸有义士杜平为其料理后事。阴间的钟馗感谢杜平，将相依为命的妹妹嫁于杜平。画面上钟馗威武的人物形象和小妹的秀丽体态形成强烈的反差，在对比中使画面极具震撼力。

从雕刻技艺上看，刀工古朴老练，刀法纯熟灵动，人物栩栩如生。木质表面由于时代久远，可见丝细纤维，故定为清初作品。

◎**窗格芯 透雕 饲鹅图**

清中期 浙东 39×24cm

王羲之，字逸少。用七分背后、三分正面来塑造人物形象，无须脸面的形态，而是由骨骼的造型，体态的把握，气度的流露来表现人物年龄和神情。塑造仙道风骨，对工匠来说是技艺的挑战，也是一般工匠不常运用的构图手法。随着数百年岁月，作品风化得不见刀痕，全是自然形成的木质表面，使作品中的人物更具神奇而特殊的艺术效果。

◎**窗格芯 透雕 爱菊图**

清中期 浙东 39×24cm

陶渊明，字元亮。陶公头戴斗笠，身披风衣，脚踏布鞋，手捧数朵秋菊。从衣着看，似乎感受了秋风寒凉。优秀的工匠充分考虑春夏秋冬变化的环境，渲染人物所需要表达的环境气氛，达到表现人物内心精神，使作品具有真实的创作内涵。

◎**窗格芯 透雕 爱莲图**

清中期 浙东 39x24cm

周敦颐，字茂叔，有《爱莲说》传世。优秀的工匠对于传统相术有精到的研究，对人物的形象能准确把握，人物的身份地位和学识以及内在思想都能在木雕作品中表现出来。画面表现了高士的精神风貌，塑造了道骨仙风的内在意念，使欣赏木雕者对所创作人物的敬重之心油然而生。

◎**窗格芯 透雕 玩砚图**

清中期 浙东 39x24cm

苏东坡，字子瞻。苏东坡弯曲着肩梁，手捧砚石，专注而深情，飘逸的衣衫，简洁平和的线条，刻画了大师朴实而且高古的风范。虽然在侧面上表现人物的面貌，但在背部和肩部的形态刻画得惟妙惟肖，使作品更具情趣。

◎门格芯 透雕 太白吟诗图

清初 浙东 39×20cm

李白，字太白，曾供奉翰林。善诗，世称诗仙，一生爱酒，常见太白醉酒图。图中太白身穿翰林服饰，披锦袍，定是在宫庭中时的形象了。

太白一手捧美酒，一手指远方，丁字步架势。傲慢、放荡不羁的神态刻画得恰如其分。

工匠只能用钢刀在木板上减去多余木料，留下形态和线条表现神情。木雕如笔墨，落刀如落墨，无法反悔，因此，匠师必须胸有成竹，才能心到手到而且随心所欲。

◎**门格芯 透雕 蔡文姬图**

清初 浙东 39×20cm

蔡文姬，三国时人，博学有才辩。格芯中的蔡文姬发髻高高挽起，服饰华美，面如满月，捧卷阅读，亭亭玉立，神情凝眸静思。

优秀的明清木雕人物，首先是具有准确的人体结构，生动的骨骼动态，协调的面容衣饰，尔后是性格、神情的流露和把握。

◎门格芯 透雕 霍光图
清初 浙东 39×20cm

霍光，汉武帝时大臣。霍光手抱宝笏，衣着华美，面容宽厚，神态清逸，有贤臣之相，高士之风。

背景透雕万字纹长跳格，人物立于山石之中，脚下两侧透空处理，把人物抬高于画面之上，使人物形象更具威仪。

◎门格芯 透雕 孔明图

清初 浙东 39×20cm

诸葛亮衣着八卦衫，手握智慧扇，昂首而立，充满自信。在小说《三国演义》中，『空城计』、『火烧赤壁』等胜算故事，家喻户晓。

雕刻技艺上，工匠运用刀功刀力，钢刀在木板上硬碰硬地创作，虽然和笔墨在宣纸上有不尽相同的表现手法，但视觉效果是一致的。

◎门格芯 透雕 武则天图

清初 浙东 39x20cm

据《无双谱》载：『武氏，唐太宗才人也，赐号武媚，后改国号周，自称皇帝。』木雕上的武则天面如满月，低眉侧目，衣饰飘逸，仙行神动，有仁慈面容，和历史传说中的『性残忍』，似有相左之面相。

◎门格芯 透雕 屈原图

清初 浙东 39×20cm

诗人昂头回首，须发迎风吹拂，双目上视，可见傲骨铮铮，亦见秋风凄凉，热血一腔。工匠用刀粗简，转刀自如，劲刀流走，顿挫有度，技艺熟练。人物形象，让人感受到诗人投江时悲壮的生命之魂。

◎窗格芯 透雕 十美图之一 凝眸静思

清中期 浙东 41x22cm

因十件窗格中有十位仕女，故称十美图。佳人落座的椅凳，有竹节靠背椅、鼓形凳、弯腿椅、树根椅、扶手椅等各种坐具。小姐体态轻盈，举止安详，或拈花自赏，或玩蝶思春，或夏夜远虑，或清风浴月，或展卷落墨，或妖娆独舞，或如痴如梦，或凝眸静思，或玉手拭唇，形态不一，各有风情。美人面如满月，娇小而端丽，或高髻簪花，或霞帔瑰丽，或束腰垂带，或面颊丰腴，或五官清秀，尽显富贵人家的闺阁柔肠。工匠用清丽精致的刀触，刻画人物神情和衣饰姿色，且无粉脂之妖冶，香艳之娇美，素雅秀隽之气盈溢于格芯之外。

局部

◎窗格芯 透雕 十美图之一 如痴如梦
清中期 浙东 41×22cm

局部

◎ 窗格芯 透雕 十美图之一 展卷落墨
清中期 浙东 41×22cm

局部

◎ 窗格芯 透雕 十美图之一 拈花自赏

清中期 浙东 41×22cm

局部

◎窗格芯 透雕 十美图之一 妖娆独舞
清中期 浙东 41×22cm

局部

◎ 窗格芯 透雕 十美图之一 清风浴月
清中期 浙东 41×22cm

◎ **窗格芯 透雕 陶渊明图**

清中期 浙东 36x36cm

陶渊明爱菊图，一主一仆，童仆肩背菊花相随，陶公提杖而行，但行而又止，回头探望菊花，其神情专注痴迷。工匠捕捉了生活中的瞬间细节，表达了陶渊明爱菊之情。也只有如此痴迷菊花，才会有流传千古的咏菊文章。

局部

◎**窗格芯 透雕 米芾题诗图**

清中期 浙东 22×22cm

米芾题诗图中的童子，手里拿着扫把，想必是在石上净去尘污，童子只见后脑勺和背影，但已见儿童的体貌特征。老者米芾，伸臂题诗，微笑中有思索之意，宽厚的脸上，流露出士大夫应有的高古风范。

◎ **窗格芯 透雕 钟馗图**

清中期 浙东 36×36cm

钟馗捉鬼是民间常见的木雕题材。这品木雕运刀已经得心应手，手随心动，心随意走，刻画了超常的画面，塑造了钟馗满腔正气、一身威严的神奇形象。而小鬼则在钟馗的宝剑下跪着求饶。

局部

◎**窗格芯 透雕 钟馗役鬼图**

清中期 浙东 36×36cm

钟馗降服了小鬼，想必小鬼已弃恶从善了，小鬼成了钟馗的侍仆，为他背剑，紧随其后。工匠把粗率威武、笨拙憨厚的钟馗形象表现得淋漓尽致，把鬼魅形象也刻画得入木三分。

局部

◎ **窗格芯 透雕 八仙人物图之一 铁拐李**

清中期 浙中 52×30cm

八仙人物，是清中期广泛应用的木雕题材，分别是张果老、吕洞宾、韩湘子、何仙姑、铁拐李、汉钟离、曹国舅、蓝采和。八仙人物事实上代表了不同身份，不同地位，不同年龄的社会各界，是把自然人归为八种类别，每位仙人代表一类群体。八仙人物中有男的女的，有当官的，也有要饭的，因此工匠如果能够准确掌握八仙人物的造型、性格、神情的技艺，那么雕刻其他人物形象也便得心应手了。

◎ 窗格芯 透雕 八仙人物之一 何仙姑
清中期 浙中 52×30cm

◎窗格芯 透雕 八仙人物之一 蓝采和
清中期 浙中 52x30cm

◎ 窗格芯 透雕 八仙人物之一 张果老
清中期 浙中 52×30cm

◎窗格芯 透雕 八仙人物之一 韩湘子
清中期 浙中 52×30cm

◎窗格芯 透雕 八仙人物之一 汉钟离
清中期 浙中 52×30cm

◎窗格芯 透雕 八仙人物之一 曹国舅
清中期 浙中 52×30cm

◎窗格芯 透雕 八仙人物之一 吕洞宾
清中期 浙中 52×30cm

◎**窗格芯 透雕 人物图**

清中期 浙东 33×21cm

主人翁手握桂花，传情相戏。男的马步下蹬，充满健强阳刚气质，女的提肩伸腰，透出了婀娜阴柔姿色。

工匠掌握了人物雕刻的骨骼结构，虽然宽衣长裙，依然可见准确的人体，虽不见刻意写实的追求，但已经为写意的画面建立合理的人物体形。

◎**窗格芯 透雕 人物图**

清中期 浙东 33×21cm

格芯中卷草透雕，上首卷珠云纹，见一角太阳，阴刻一『日』字，脚下数点空灵，使人物浮现于画面，主题更加突出。

人物一男一女，一高一低，一老一壮，神情幽默俏皮。图中两人手握鲜花，似在调情，应是美好的爱情故事。

◎ **窗格芯 透雕 人物图**

清中期 浙东 33x21cm

妇人手抱幼童，老翁健步下蹬，呈献花状，人物面部不见刀痕琢迹，但苍老中有精神，并有极强的写实能力。整体布局轻刀熟成，人体结构把握准确，衣饰刀法随意流走，一气呵成。

◎窗格芯 透雕 人物图

清中期 浙东 33x21cm

男士手握杨柳，笑得可爱，妇女手持春梅，爱意可见。花和柳自来是情爱的证物，寓意男欢女爱。

从木雕的表现手法上看，刀法十分简练，虽然夸张，但见法度，追求写意传神。

◎**窗格芯 透雕 人物图**

清中期 浙东 33×21cm

女子面如满月，自信中见欢悦。虽装束战甲，但有如在闺中温柔的喜悦气色。男子面容生动，蹬马步，手执宝剑。画面上男欢女爱的夸张形象，如同月下狂舞图。

◎**窗格芯 透雕 人物图**

清中期 浙东 33×21cm

仕女虽然手持长枪，但仪态端庄稳重，温雅娴静，传达着丰富而柔美的情感。才子动作幽默夸张，表现了喜悦的情绪。从画面中看，仕女丰润而强壮，才子清秀而精练，画面富有对立，但统一中有变化，并且有节奏感和韵律味。

◎门格芯 透雕 人物图

清中期 浙东 39×19cm

开光内背景中的卷草云纹透雕，部分人物依然是浮雕，服饰的图案也是浅浮雕。因雕板主体是透雕结构，故名透雕人物图。

工匠以大胆简约的用刀方法，雕刻出夸张的人物形象，粗放的线条建立的板块中施以精致的服饰图案，形成视觉上的对比，达到和谐统一的艺术效果。民间木雕无论是粗俗艳野，还是精细朴实，都体现了自由的创作风格，形成不尽相同的艺术表现形式。

◎**窗格芯 浮雕 仕女图**

清中期 浙东 32×15cm

传统的审美观念认为仕女以端庄妙丽和静穆安详为美。这二品格芯具备了人们对人物的传统审美要求和把握。仕女面如满月，神情悠闲，显得飘逸俊美，婀娜多姿。衣饰线条流畅，用刀细巧，如春蚕吐丝。佳人凤冠霞帔，华裳美裙，在原木素色中依然能够显示出乾隆盛世佳人的风采。

◎ **窗格芯 浮雕 人物图**

清中期 浙东 31×15cm

文士掌中握鲜花，佳人手中持银枪，才子佳人是人们传颂的千古佳话。格芯背景平整，以浮雕形式，下刀规整而有法度，线条简约，人物神情一致。

◎**窗腰板 浮雕 人物图**

清中期 浙中 30x17cm

腰板中不但人物以变形的手法表现，连房屋、树木、小犬以及山花野草也用夸张的方法处理。尽管人物变形得面目全非，而且十分怪异，但仔细观察，老人依然有老人的形态并且有道骨仙风，年轻的女子姿色娇美，年岁大小也可分辨。从刀法上看，乱刀之中且有规律。从遗存的江南木雕实物中看，这种风格在清中期的东阳木雕中形成一脉，从实物遗存中比较，清中期的水准高，到了清末，虽然这一脉匠人也以变形的表现手法创作，但已失去了当年的技艺水平。

局部

◎窗腰板 浮雕 人物图
清中期 浙中 30×17cm

局部

局部

◎ 窗腰板 浅浮雕 老子出关图

清中期 浙东 43x21cm

作者于上世纪九十年代初，随人去浙东嵊县农村实地察看古建筑，房子已倒去大半，二块木雕已在风雨之中。从建筑形式和建筑的木雕风格，结合木质和雕刻特色，应是乾隆早期作品。

故事是老子骑青牛下山开始传道的经历，一行人有童子、侍仆，一路风尘中走来。

推测另一图应该是关羽送嫂图，老子创『道』，而关羽重『义』，雕板主题应是道义二字。

局部

◎ **窗腰板 浅浮雕 关羽送嫂图**

清中期 浙东 43×21cm

◎**窗腰板 浮雕 山水人物图**

清中期 浙中 53x22cm

本来应该有二十四品，奈何世事沧桑，早已离散，至上世纪九十年代初作者遇到时，仅剩四品，但因商家索价高，只得与德和堂各藏二品。

腰板中山石树木风格粗放恣肆，痛快淋漓，运刀疏密虚实，皆在法度中。

枯木、顽石、苍松、垂柳，在乱刀之中，随意构思，章法严谨，刀刀离乱，亦有规律。柴门、小桥、茅屋、秋风尽在一板刀凿之中。

局部

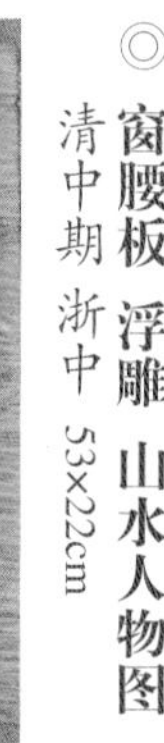

◎窗腰板 浮雕 山水人物图
清中期 浙中 53×22cm

局部

局部

◎**窗腰板 浮雕 关公送嫂图**
清中期 浙中 40x24cm

《三国演义》故事关羽送嫂图。整板满雕山水景物，不见留白，车马人物在风尘中行走，关羽回首照看嫂嫂，刘备夫人手抱琵琶，似不觉蜀道艰难。

局部

◎**窗腰板 浮雕 儿辈破贼图**

清中期 浙东 40x24cm

故事源于《世说新语》。谢安正与人下棋，有信使来信，谢安看完信，仍慢悠悠地转向棋局。客人问淮上战局如何，他回答说：孩子们已经大破贼兵了，说话的神情和举止与平常一样。

经过了乾隆盛世，木雕开始越来越繁雕。从这块腰板中可以见到，即便是布局繁复，但一景一物仍见神情、气韵，树枝树叶各不相同，形式丰富。山石水桥运刀自如流畅，人物衣饰刀法熟练，神情意致高古，动静在一板之中。

局部

◎**窗腰板 浮雕 风尘三侠图**

清中期 浙东 33×22cm

风尘三侠源于《旧唐书》中的故事。画面上，虬髯客似将远行，李靖举杯送行，红拂女持酒壶，挚诚相送，情深意长。背景衬以枯木凄凄，渲染着悲壮气氛，抒发了作品要表达的内在思想。古代出行艰难，风尘中来去无踪迹可知，送别之情的描写常见于唐诗宋词中。人物脸部用刀简朴，且刻画出独特的相貌、个性、神情，衣服头饰刀刀可数，简约真实而且有意象之美。

局部

◎**窗腰板 浮雕 东坡赏砚图**

清中期 浙东 33×22cm

苏东坡酷爱砚石。东坡先生手捧砚台，喜悦之情溢于面容中，神情生动感人。大学士面目高雅、骨骼非凡，道骨仙风之气顿生。

人物、树木和山石的刀法简约，层次分明，足见工匠雕刻功底。几种不同的树叶，虽然以程式化形式雕刻，但形象十分真实。这种程式化的图案形式表现树枝树叶，也是江南清式木雕比较常见的形式。

局部

◎**窗腰板 浅浮雕 三国人物**

清中期 浙东 39×22cm

腰板两侧饰『拉不断一根藤』阳线，几朵正开花案，边线圆润，角饰回钩纹委角。画面上故事题材应是《三国演义》，分别是『姜维战邓艾』和『庞德战关羽』。

腰板上英雄骑骏马决战，胜败未定。工匠要把握人在马上，骏马和人物融为一体的构图，难度很大。但这二块木板十分成功。此木雕人物和动物比例协调，构图透视准确，运动中捕捉了美的瞬间，既体现了战斗场面的惨烈，又做到英雄和骏马的造型之美。

局部

◎窗腰板 浅浮雕 三国人物
清中期 浙东 39×22cm

局部

◎**窗腰板 透雕 春色恼人图**

清中期 浙东 38×20cm

月光下花园中，竹做的篱笆似乎是多次修补的结果，农家小园自然清静，篱笆下散落着一堆乱石，已不见刀痕琢迹。主人和仆人愉快地欣赏月光下的春色，连小犬和主人也保持着一致的情绪。留白处优美地书写阴刻『春色恼人眠不得，月移花影上栏杆』。落款：『樵子作』。有诗，有书，有景，有情。

局部

◎ **窗腰板 透雕 老妇画纸图**

清中期 浙东 38×20cm

堂上奶奶在忙什么？园内儿童又在做什么？但见板面上阴刻『老妇画纸为棋局，童子敲针做钓钩』，一幅充满现实主义情调的悠闲安居图，也是常见的农家乐题材。

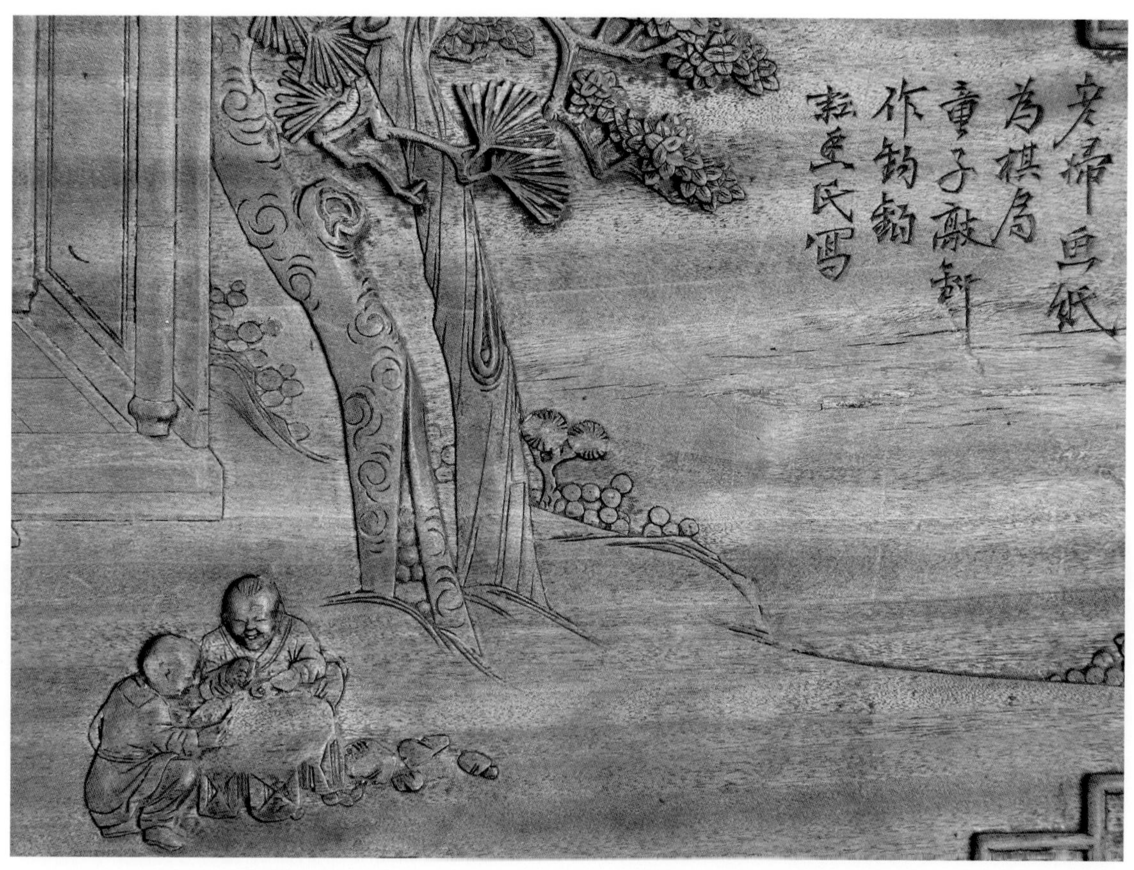

局部

◎**窗腰板 浅浮雕 人物图**

清中期 浙东 41×20cm

楼亭瑰丽，似是宫廷，人物背后有高照作屏，侍从相随，似是帝皇之礼仪，不知典出何处。

雕板左实而右虚，近楼远景，意境深远，又不失楼亭之精致，人物之精神。木雕画面如同现代摄影构图，已经具备了三维透视的效果。

局部

◎**窗腰板 浅浮雕 太白出行图**

清中期 浙东 40×27cm

太白醉酒出行，对井而成影，犹如顽童心情，呈现了诗人自然、自由的超脱心境。板面上竹屋、草顶、野树、篱笆，浓重的乡土气息扑面而来，极具水墨味道。

局部

◎ **窗腰板 浅浮雕 唐人诗意图**

清中期 浙东 40×21cm

城墙高筑，墙外一寺，一叶轻舟，舟内一士，有『姑苏城外寒山寺，夜半钟声到客船』的唐诗意境。从构图上看，高墙、寺庙、江河、舟船，错落有致；楼内老僧打击古钟，层层清晰；楼外数种大树，交错成趣。

◎ **窗腰板 浅浮雕 踏雪寻梅图**

清中期 浙东 40×21cm

谁家柴门小园，梅花正开，童子引路，雅士携伞而至，不见积雪，只是一串脚印，便知满地是雪，一天寒气。江南民间木雕的艺术特色，其中重要的一点，便是藏和蓄，以点见面，藏而不露，留下赏者思考的空间。

◎**窗腰板 浅浮雕 饮宴图**

清中期 浙东 40×21cm

从布局上看，是在庭园之中，楼阁宝顶，堂房构栏，层次分明。主客相聚，尊卑也一目了然，题意待考。

◎**窗腰板 浅浮雕 龙井问茶图**

清中期 浙东 40×21cm

传统社会不但在琴棋书画上积聚了精深的造诣，酒和茶也是传统士大夫钟爱的功课。

图中一老者问茶，渴求的神情，表现得十分逼真，茶楼内茶人持烛而待，让人知道是月夜下的故事。

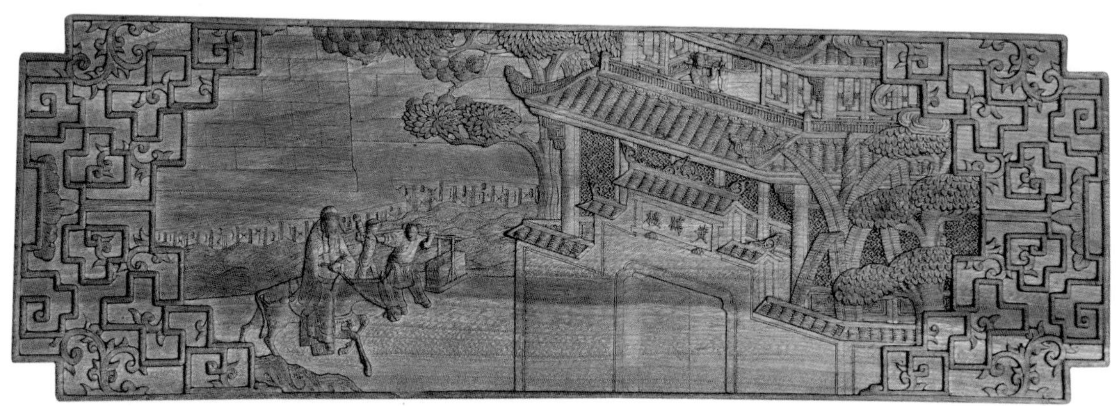

◎**窗腰板 浅浮雕 唐人诗意图**
清中期 浙东 53x21cm

图中一楼，题『黄鹤楼』，让人想起『故人西辞黄鹤楼，烟花三月下扬州』的诗句。黄鹤楼外，城墙高筑，江水滔滔。主人骑马，仆人挑担，非辞楼而去，倒似慕名楼寻佳句而来。人物、楼门、城墙、江水、树木，层次分明，记录了佳时美景片段。

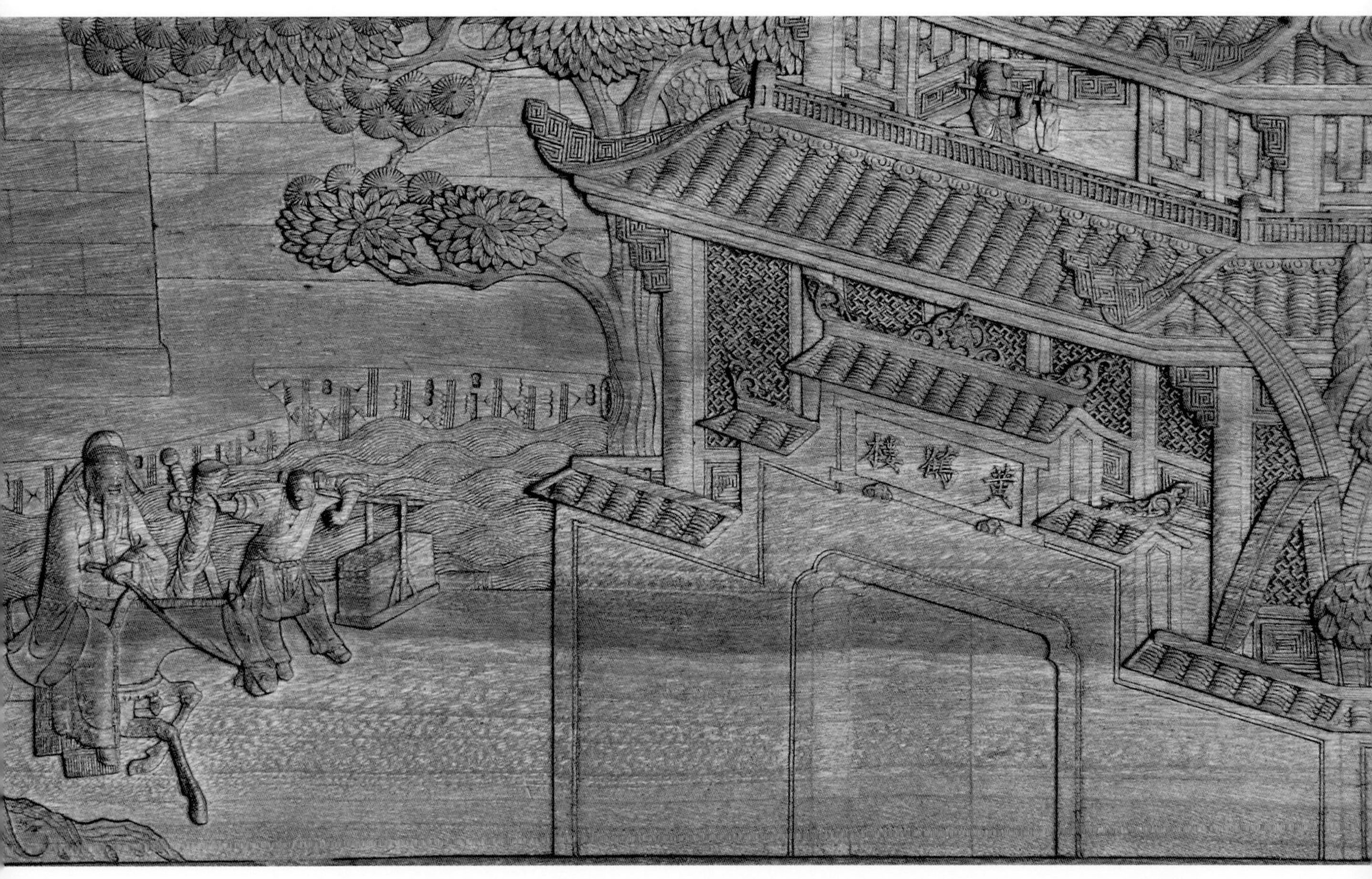

局部

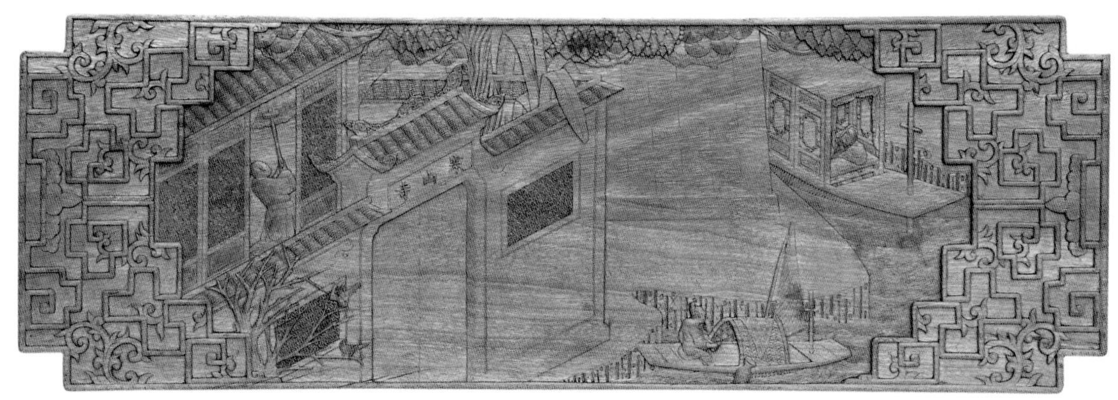

◎**窗腰板 浅浮雕 唐人诗意图**

清中期 浙东 53x21cm

寒山寺内，僧人敲钟，姑苏城外，诗人闻声，便有了众所皆知的千古名诗句：『姑苏城外寒山寺，夜半钟声到客船』。河上一渔舟，一渔翁。另有半船，船内侧卧一人，似是诗画中的主人翁。

木雕线条流畅，人物神情与动态均刻得相当生动，富有神韵。

寒山寺

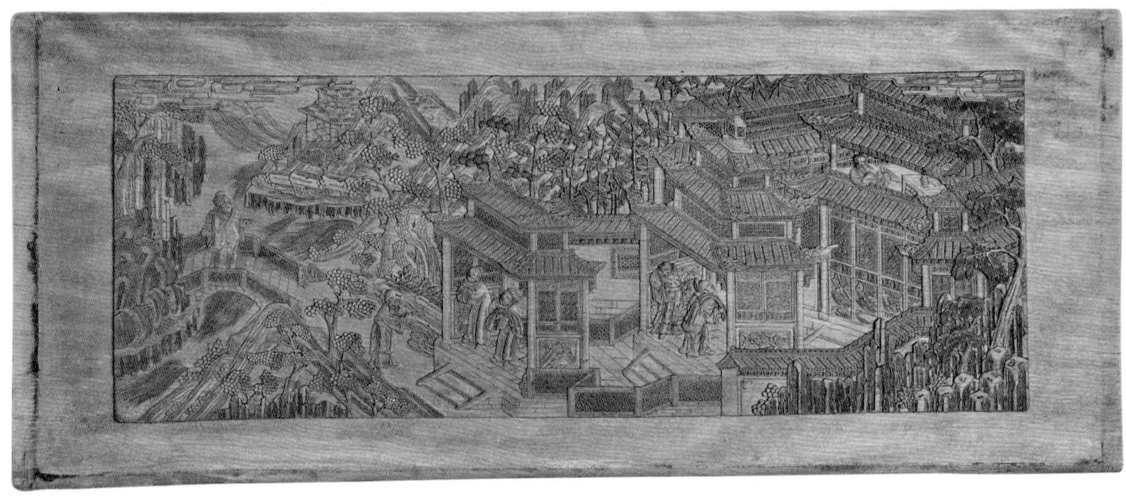

局部

◎**门腰板 浅浮雕 七贤图**

清中期 浙东 55x23cm

小桥流水人家，从门庭中看定是达贵富户，或是道家仙界。图中亭台高筑，楼阁精雅。值得一提的是建筑上的门窗格子，极尽细刀慢刻功夫。门窗格子和门窗木雕是古代建筑最重要的装饰，是美化生活空间的重要手段，因此传统建筑不惜工本，用榫卯结合成线条，构成美妙的图案。

这品门腰板上雕刻的门窗格子图案，有万字纹、水波纹、回字纹图案等。用刀精巧细致，刀刀清楚流畅，即便用放大镜观赏，线条也清晰可数，而且繁而不乱，不见滞刀断迹。

图中楼上已备酒菜，一老倚窗探望，二老已进二门，二老头门相迎作贺，而桥上一人姗姗来迟。

◎**门腰板 浅浮雕 九老图**

清中期 浙东 55×23cm

板面上九位老人，三人一组，分别是观画论诗，携琴捧书，博棋斗智。老人神态悠然，精神饱满，似是高士隐逸于与世隔绝的山林之中，修心养性，以期延年益寿。

楼阁在深山之中奇山怪石间，小桥流水旁。各种不知名的树木花草茂盛，充满生机，似乎并不是人间凡界，如同仙境一般。

从刀法上看，轻刻浅出的人物，直刀横切的山石，转刀点挑的树叶，运刀手法均十分熟练。水随山转，路随水曲，强调水墨意境，如同一幅淋漓的中国画。

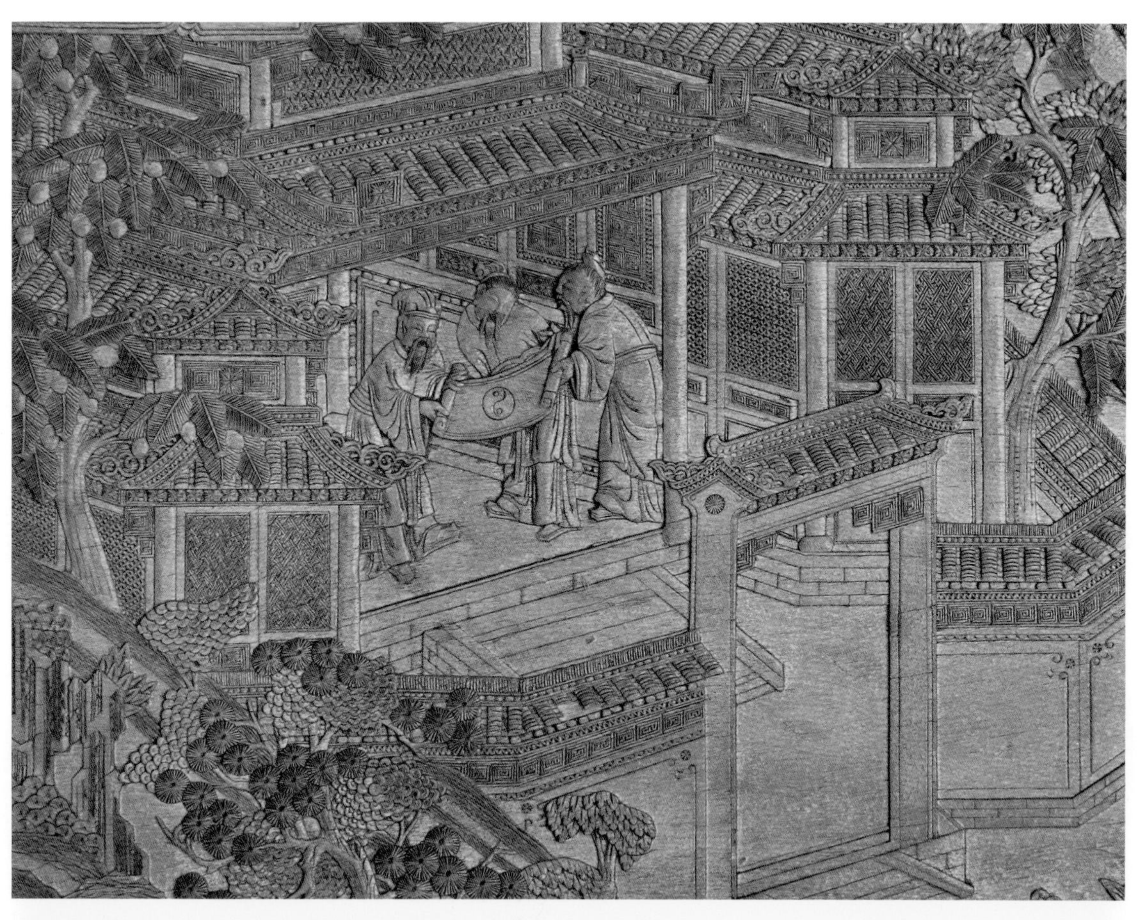

◎**窗腰板 浅浮雕 饮酒图**

清中期 浙东 57×16cm

庭园中，二人对饮，稚童侍立左侧，松石为伴，微风掠过烛光斜，书『酒酣夜别淮阴市』句。

雕板原来着深底色，浅色阳线面，现褪去原色，露出木纹树理，留下自然的线影，恰似夜色空濛。

◎**窗腰板 浅浮雕 赏春品柳图**

清中期 浙东 57×16cm

水边杨柳依依，园内存设高古，一士负书说柳，一士抚须相和，两童子戏闹，全不知春风杨柳风骚。书『水边杨柳环烟丝』。

这是出于浙东奉化地区的木雕，其特点，一是边角有泥湫背圆混线条，二是很少见刀板刀痕，大多用平刀直切，平刀修饰，打磨圆润。三是人物景物透视准确，形神俱备。

局部

局部

◎**窗腰板 浅浮雕 丝竹图**

清中期 浙东 57×16cm

月色如烟，丝竹如歌，四位佳人，或抱琵琶，或打板夹，或吹春笛，或持笙鸣乐。书『月照高楼一曲歌』。

木雕以三点透视的手法平铺展开，视觉效果开阔，两侧留白，显得意境深远，建筑景物点到即收，不再放开，使画面显得空灵，人物更加突出。

局部

◎ **窗腰板 浅浮雕 中秋赏月图**

清中期 浙东 57×16cm

明月当空，满园秋色，主人抚琴，童仆左右。题：『冷露无声湿桂花』，描绘了中秋时节，士大夫抚琴赏月的雅致情景。画面融进了天上月，树上桂，座上人，自然和美的秋夜意境。皓月秋风，桂香迷人，有书有诗，有印，这样的木雕相对稀有，无论其景物意象，人物神情，诗、书、印都非出于一般工匠之手，可能工匠本人便是丹青高手，诗词名家。

局部

◎**窗腰板 浅浮雕 农耕图**

清中期 浙东 57x21cm

二块农耕图，一题『古老开原田』。一题『野人种秋菜』，落款『九如』。雕板中，农人耕作亦如仙如道，文士携仆抱琴负画说农事。在千年传承的农耕社会中，人口源于农村，财富源于土地。值得一提的是画面中的奇石异木，石不大，但石骨如铁，木不巨，且苍劲古拙，不同树木，不一样的形状风格形成强烈的对比，高低错落，建立了协调的构图。

局部

◎**窗格芯 透雕 人物**
清中期 浙东 41×20cm

透雕的开光背景显得十分清灵。人物或握酒杯似在饮酒吟诗，若舞若狂。或在晨风中捧卷阅读，如饥如渴。或举杯对月，似有诗句泉涌。不但能看出人物的大概年岁，似乎还能知道其学识、地位、品格修养和精神风貌。脸面肌肉准确，表情惟妙惟肖。雕法上运用写实的表现手法，特别是眼睛的刻画十分成功，是传神的木雕代表作。

值得一提的是雕刻老人容易，雕刻青年人难，弓背长须即可知是年长之人，但青年人要从骨骼、体态和面部神情来表现年龄特征，需要有深厚的写实基础。

局部

◎ 窗格芯　透雕　人物

◎ 窗格芯　透雕　人物

◎窗格芯　透雕　人物

局部

◎ 窗格芯 透雕 人物

局部

◎**窗格芯 透雕 武将人物**

清中期 浙东 39×15cm

查阅《英雄谱》、《历代名人录》等古代名人画传，以及《三国演义》、《水浒》、《七侠五义》等小说题材也有类似于此格芯雕刻的人物形象。但是，这些英雄人物大同小异，尽管其服装穿着不同，使用武器亦各有异。此格芯中刀、枪、剑、棒、锤似乎也难以明确为何人。当时的匠师应该明确他要创作的人物。现在对于木雕作品的欣赏已并不是强调哪一位古代人物，更重要的应该是木雕的艺术效果。

从几品武士图中看，人物透视和结构相当准确，挺胸、提谷、凸肚，像是在摆样子拍照片的标准像，并非是拿着武器上战场的勇士。

从木雕的刀法上看，衣装、袖带、鞋帽的形式各不相同，刀法严谨流畅，刻工精致复杂。值得一提的是那位头戴小帽，一手按锤，一手握剑的像李元霸的人物，面部造型极尽威武豪放，神情气度极具艺术表现的震憾力。

局部

◎窗格芯　透雕　武将人物

◎ 窗格芯 透雕 武将人物

◎窗格芯 透雕 武将人物

◎ 窗格芯 透雕 武将人物

◎ 窗格芯 透雕 武将人物

◎ 窗格芯　透雕　武将人物

◎**窗格芯 透雕 人物**

清中期 浙中 32×32cm

透雕以祥云灵草为背景。老者身背钓竿，童子身后见鱼篓，手提一鱼，似渔归模样。渔翁旁边一异兽，鹰爪麟身，如同相依为伴的知己。人兽构图在圆开光之中，显得十分自然和谐。

◎**窗腰板 透雕 刘海戏钱图**

清末 浙东 32×16cm

传说，刘海是唐末五代时进士刘操，得道人吕纯阳点化，顿悟人生浮华，遂尽散钱财，并随道人去终南山。因此有『刘海撒金钱』、『刘海戏金钱』之说，并把刘海祀为降财的神明。刘海戏钱的『钱』，传说是一种神物，名叫『钱』，三只脚，爱财之人招不来，视金钱如粪土者招之即来，与之相戏，其乐无穷。

◎**窗腰板 浅雕 闺房图**

清中期 浙东 37x19cm

传统女子必须学习女红，有一手好的针线手艺，有一双三寸金莲才能进入富家大户。小姐青春期开始便要进闺房修养女德，只有少数家人可以探望。闺房也是男人想入非非之地。闺房内女子练习裁衣、绣花，学习琴、棋、书、画以及梳妆打扮，完善传统女子应有的品德修养。

从开光的人物画面上看，小姐使用的家具是清中期江南地区常见的房前桌和梳头镜箱。工匠把看到的景物作为木雕的底稿进行创作。

局部

◎**门腰板 浮雕 人物图**

清中期 浙东 54x22cm

江畔，杨柳中，舟船泊岸，山石奇秀，如仙境一般。楼屋门庭前，异常热闹，渔夫述说着江上的奇遇？家人听得入迷，连小犬也极具趣味地相迎。画面布局高逸，虚实相间，动静结合，超越了现实中所见情景，呈现了美好的人间仙苑。

局部

局部

◎**门腰板 浮雕 人物图**

清中期 浙东 54×22cm

《搜神记》记录了弄玉吹箫引凤的动人故事，说的是春秋时秦穆公的女儿弄玉公主嫁给萧史，夫妇二人在楼台上吹箫奏乐作凤鸣声，引来凤凰接引夫妻二人飞升成仙。板面上杨柳、松树、梧桐和山石平铺而且宁静，衬托了人物和凤凰的动势，使画面更加灵动。木雕刀法简要明快，亭台、山石、树木，透视合理，景物布置远近适宜。

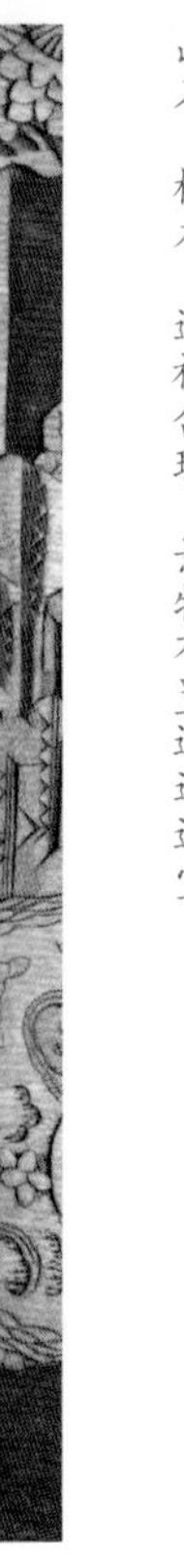

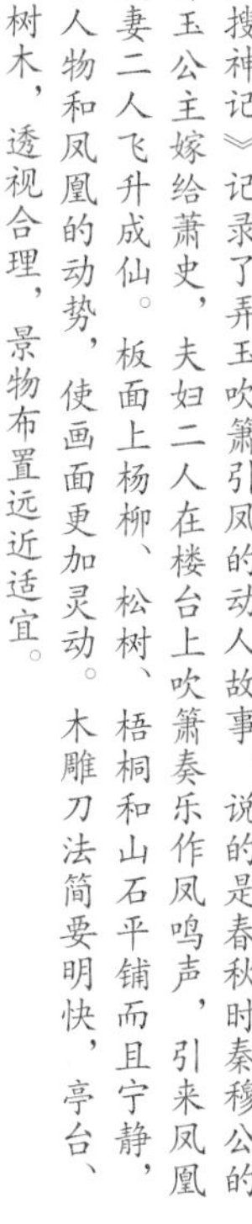

局部

局部

◎**窗腰板 浮雕 人物图**

清中期 浙中 55×19cm

从画面上看，有官人向老者赠金，不知典出何处。腰板寥寥数刀刻出马的健壮和英姿。木雕构图严谨，人物比例准确，形象逼真，马匹虽然只能见一头二蹄，但已经可见工匠准确的写实创作能力。

◎**门腰板 浮雕 人物图**

清中期 浙中 52×20cm

画面上绿水、杨柳和精致的小桥，首先交待了江南一景。客人提杖而来，有高士风采，似是文士出行，或是好友相送。人物稍作变形，略有夸张的手法，不拘泥于工匠经常运用的直面平铺的构图技法，更具动感。

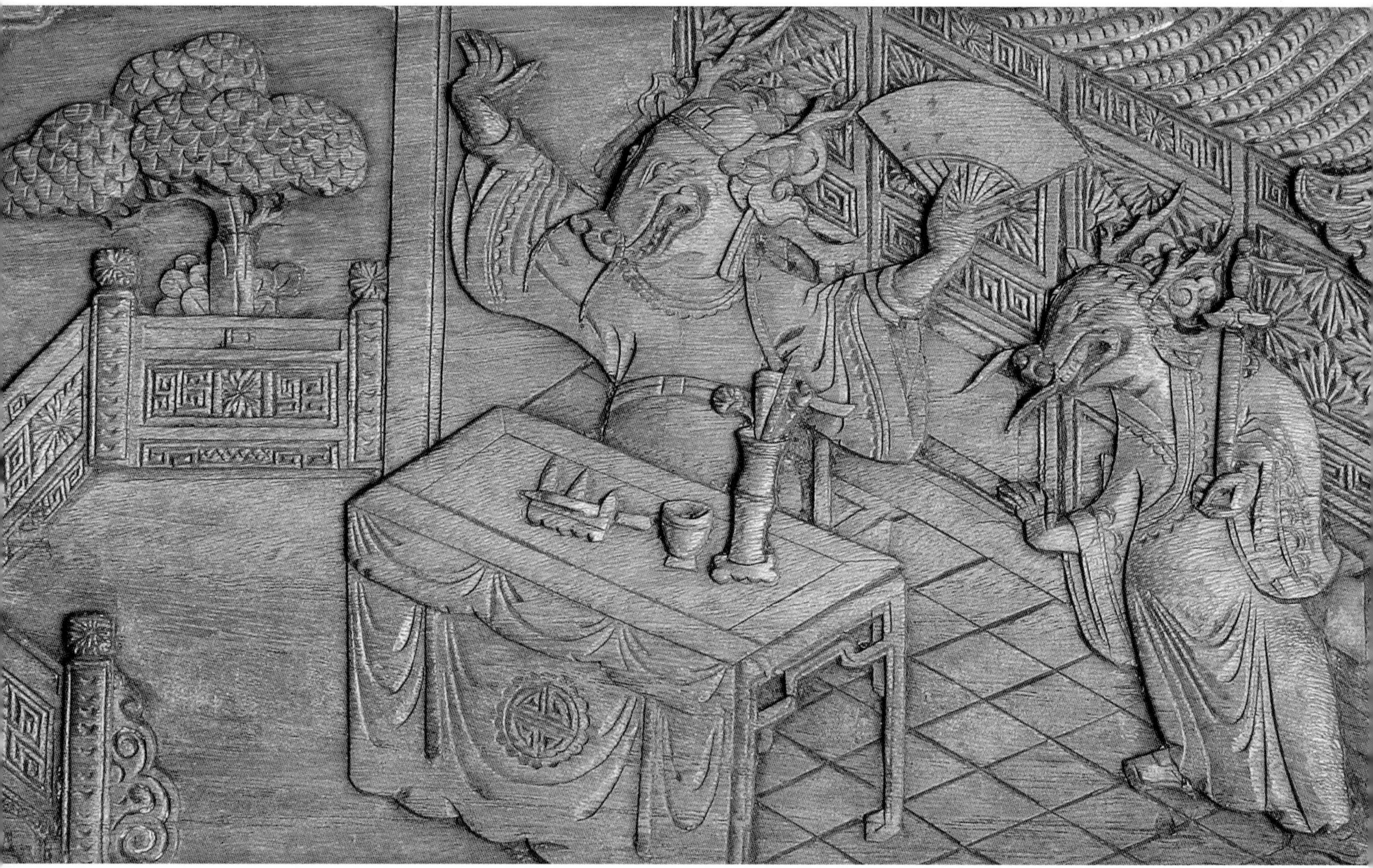

局部

局部

◎ **窗腰板 浮雕《西游记》人物图**

清末 浙东 38x17cm

名著《西游记》的故事家喻户晓，但《西游记》题材的木雕并不多见。这块雕板图样来自《西游记》中的插图，分别是牛魔王审堂和孙悟空封齐天大圣。从木雕的刀法和面板色泽看，木雕刀脚粗放，木色鲜活，应是清末作品。

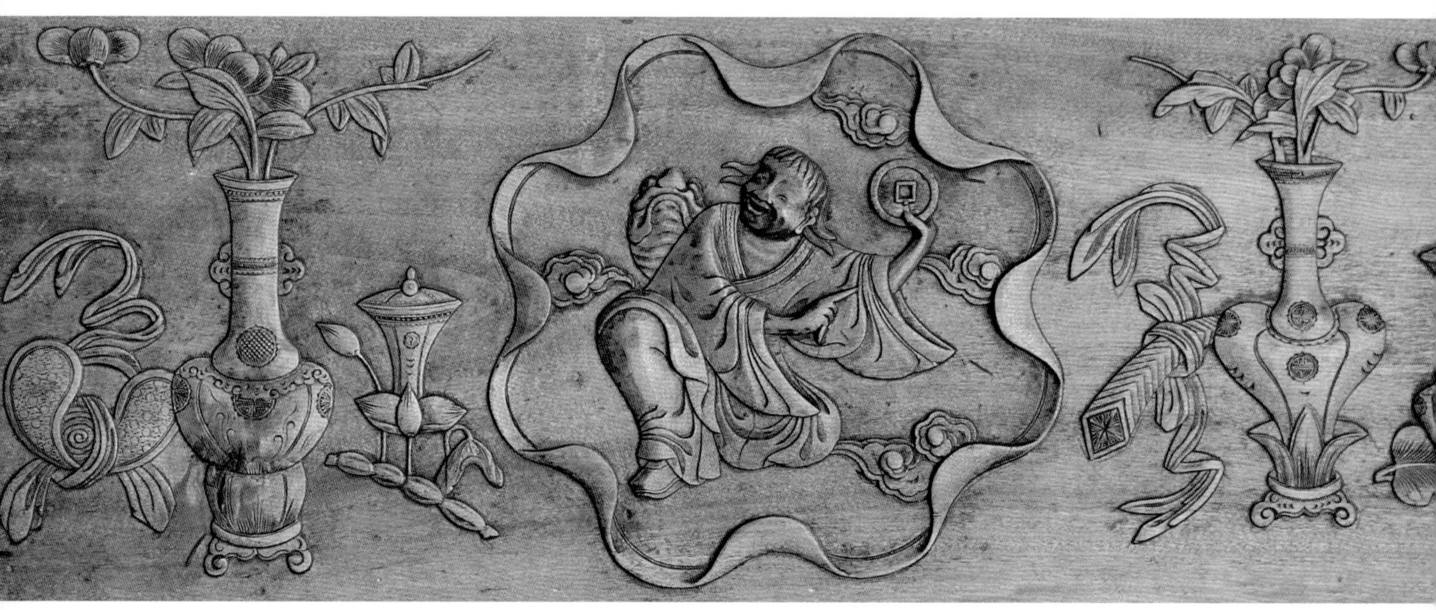

◎**门腰板 浮雕 刘海戏钱图**

清中期 浙东 54×25cm

门窗木雕常见『刘海戏钱』雕成蓬头赤脚手握铜钱的仙童模样，身边总有一蟾相伴，刘海与其相戏，故名刘海戏钱。

腰板中的刘海在卷叶开光之中，人物神情生动，活泼可爱。开光外雕饰吉祥瓶器，造型奇特精美。

◎窗腰板 浅浮雕 高士图

清中期 浙东 35x24cm

优秀的木雕技艺追求刀法简练，要求充分概括地表现人物的形象和神情、山水的深远意境、花鸟的鲜丽灵动。二品腰板，无论是携琴图还是弈棋图，数刀便见人物个性。携琴图中，高士携童仆抱琴访友，回首间主仆相对的瞬间表现得惟妙惟肖。而弈棋图中二老依奇石，席地而博弈，神情专注，幽默可爱。两图有着一致的创作风格和表现手法。

局部

◎**窗腰板 浅浮雕 风尘三侠图**

清中期 浙东 38×19cm

画面上的李靖和红拂女已经决定留下帮助李世民，而虬髯客依然去浪迹江湖，木雕表现了三侠分别的情景。

木雕已经风化了二分，也是由于岁月的洗礼，使画面磨去刀痕琢迹，更加古朴典雅。

局部

◎窗腰板 浅浮雕 东坡玩砚图

清中期 浙东 38×19cm

苏东坡捧砚石的神情专注，已经到了痴迷状态。

人物面容饱满而有雅士之风，衣饰线条如春蚕吐丝般轻刀慢刻，木雕以刀代笔，刻画出人物性格、神情以及衬托的背景而产生的意境。

◎**窗腰板 浅浮雕 刘海戏钱图**

清初 浙东 38×18cm

民谣说：『刘海戏金蟾，步步钓金钱』，人们把刘海戏钱视为财仙。

这品刘海戏钱图，背景有古松、祥云、奇石和灵芝，意境神逸如同仙界。人物坦胸露腹，刀法线条稳健中见柔和，人物神情生动可爱，不失为清初佳作。木板内暗藏木纹肌理，如行云，如流水，更具清淡的自然之美。

局部

◎**窗腰板 浅浮雕 雅士图**

清初 浙东 38×18cm

雅士依琴席地而坐，人物表情传神生动，舒朗的眉宇，睿智的目光，飘动的胡须，表现了具有卓识的文人自信。木雕线条流畅，衣饰飘逸，刀法可见钉头鼠尾，数刀便见功夫。从画面上看，既写实又写意，可谓兼工带写。

◎门腰板 浅浮雕 根雕八仙图

清中期 浙东 38×17cm

根雕，俗称柴株人，也是木雕的一种。运用树根的自然形态和纹理，通过切去多余并局部施雕，巧妙雕切而成。根雕是江南民间案头上的摆件，题材主要有寿星、魁星、八仙等吉祥人物。

这四品门腰板，以八仙根雕摆设为主题，以木板浅刻浮雕的形式表现神仙奇异的形象，作者知根势、人形、仙情，惟妙惟肖，艺术形式耐人寻味。

局部

◎窗腰板 浮雕 禽兽图

清中期 浙东 36×18cm

飞禽走兽本是一个天上，一个地上，竟然如此和合，互为呼应，充满和谐之美。人们把飞禽喻女性，走兽喻男性，暗喻爱情。

工匠在板面台阶上剔去多余木料，留下平整底子，使浮雕干净而清晰。同时，山石的雕法在施刀时打破平底的过渡，野草破底阴刻与地子融为一体。

局部

◎**窗腰板 浮雕 母子图**

清中期 浙东 36×18cm

艳阳中？月光下？近树远山天地间，满园春色，母慈子爱，美鹿无忧无虑。反映了大自然中的自由和幸福生活，如同世外桃源中的梦想境界。

◎**窗腰板 浅浮雕 八骏图**

清中期 浙东 40×19cm

上世纪九十年代初在浙东的朋友手里，作者收藏了二板窗腰板，『四骏』图，十几年后还是在那个地方，又看得到了另外二块『四骏』图，感谢这位相知的朋友割爱，成全完整的八骏图原创之美。

八骏骨骼强壮，骏马运刀上线条流畅，刀法纯熟，由阳刻起线而阴刻破底收刀，阴阳结合，使木雕具有水墨意境。二远山以程式化的概念构图，高古而有童趣。

◎ **窗腰板局部 浅浮雕 花鸟图**

清中期 浙东 36x17cm

一般花鸟题材清雕板有双鸟为多，即便单鸟，亦必然是另一板有一鸟，二块合一，板成对，鸟成双。这对窗腰板，爱其走刀如梦，轻刻浅雕，枝、叶、花、蕾如同眼见实物如同写生一般。写实中求意境也是清式木雕的特征之一。

◎ **窗腰板 浮雕 双鱼图**

清中期 浙东 32×17cm

图中看不见水波、水纹。水本无形，但飘摇的水草，流动的鱼儿，便见鱼水之欢，鱼水之情。

匠人以意念来表现具象的物体，使作者和观赏者形成共识，这种艺术形式的建立并非单一的创作，而是人们对艺术表现形式的理解，而这种写意的表现形式，恰恰是东方美术的特色。

◎ **窗腰板 浮雕 双马图**

清中期 浙东 36×22cm

月色朦胧云半掩，野桂芳香秋如春。双马首尾相接，呈优美的S形线条造型，这也许是美妙爱情的前奏舞曲，反映了大自然和谐之美，更是借物喻人，祈求幸福美满的爱情生活。

工匠在构图上强调马的运动美感，在刀法上追求流畅的线条和准确的透视效果。

◎ **窗腰板局部 浅浮雕 双鹿图**

清中期 浙东 38x17cm

鹿乃高官厚禄之意，亦是乐的暗喻。板面上山石、草木取自然景物，构图上强调自然布局，双鹿悠然自若，刻画了原野中美鹿的自由生活环境。有趣的是，双鹿或首尾相交，或双目相对，充满情爱之和美。

◎窗腰板局部 浅浮雕 太狮图

清中期 浙东 34x27cm

在极浅的地子上，浮起阳刻太狮。狮子浑身是毛，线条优雅，刀法流畅，如同写意中的笔墨。从运刀的技法上看，可见匠师一丝不苟的工作态度和炉火纯青的雕刻技艺。

◎**窗腰板局部 浅浮雕 虫草图**

清中期 浙东 38×20cm

几叶兰草馨香气，引来蝴蝶相亲忙，美煞甲壳虫。野草昨夜初开花，藤蔓嫩枝似玉牙，满目春消息。

匠师用简约的刀触，清平的地子，刻画了大自然生机勃勃的美妙世界。

◎**窗腰板局部 浅浮雕 虫草图**

清中期 浙东 38×20cm

牡丹花开，野蜂采蜜，蝶恋花，蛛丝绵长不断，寓意子子孙孙永久绵延不断。这些不见经传，不被传统士大夫推崇的虫草题材，在清中晚期广泛地被广大民众接受，渐渐地融入文人士大夫的审美范围中。

工匠用敏锐的目光捕捉大自然所见瞬间的美妙景物。

◎ **窗腰板 浅浮雕 博古图**

清中期 浙东 38×20cm

博古是博物摆设的简称，也称静物。中间两件香炉分别以鹿和鹤为造型，生动饶有趣味。两侧可见贡璧、宝轮等雅物，亦高古宜人。

◎**窗腰板 浮雕 虫草图**

清中期 浙东 36×18cm

『雕虫小技』是对民间木雕工匠的泛称，但国画大师齐白石老人以画虫草著称，虫草雕刻技艺事实上也不能少看。画面上飞舞的彩蝶，爬行的甲壳虫在细叶清香间很有趣味。

◎**窗腰板 浮雕 虫草图**

清中期 浙东 36×15cm

木雕轻刀浅刻，用钢刀硬碰硬地在木板上表现工笔画的技法，刀刀线条见腕力，地子平整见功夫，以刀代笔，创作形神兼备、生机蓬勃的自然景象。

◎**窗腰板 浮雕 花鸟图**

清中期 浙东 38×16cm

玉兰花以程式化的手法阳起浮雕，繁而不乱，朵朵可数。小鸟跳跃于花间，探头探脑，生动灵巧。从平整的地子和精致的画面中，可见匠师熟练的技艺和沉着的心情。

◎ **窗腰板 浅浮雕 虫草图**

清中期 浙东 37×20cm

江南地区，河塘密布，随处可见这种来自田间地头的自然景物。这些乡土气息浓重的题材，是半耕半读、亦农亦雕的工匠日常所见，因此创作时得心应手。

◎窗腰板局部 浮雕 河塘趣味图

清中期 浙东 38×17cm

很早很早以前，某日清晨，东边青山背后，只露出一缕红霞。河塘内外，晨露淋淋，草花含羞，且已有彩蝶前来采花，蜻蜓、青蛙、小甲虫，这是属于它们的『童话世界』。

小园的主人很早起床，看到了河塘边的『童话世界』，用笔墨记录了河塘情趣，命匠人雕刻于门窗腰板中。『雕虫小技』，具有大雅情趣。

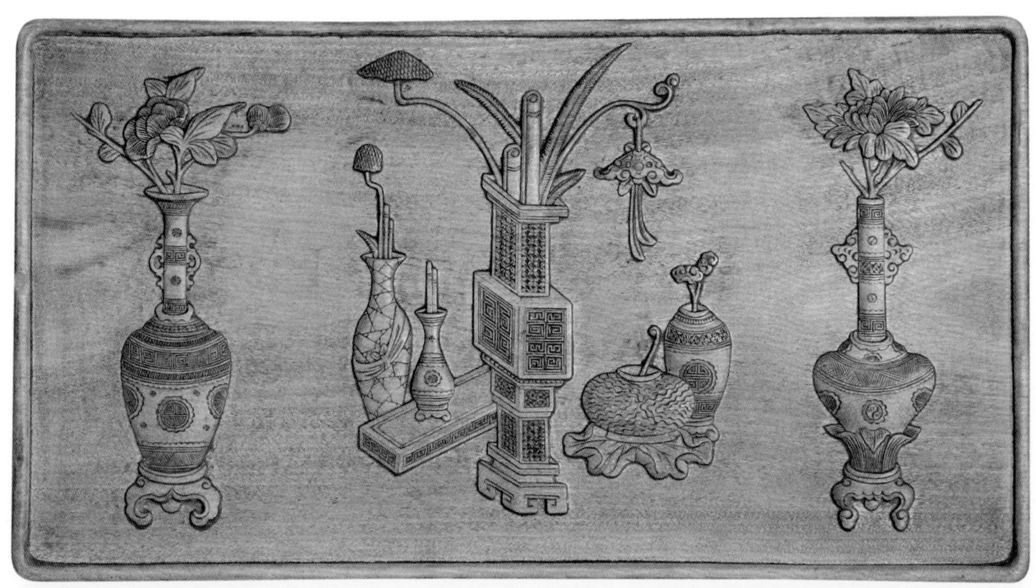

◎**窗腰板 浅浮雕 博古图**

清中期 浙东 36×19cm

博古中的圆器、方器、不规则物体，都要求透视准确，强调比例合理。匠师无法在木雕上表现器物是铜、瓷、石等材质，但还是要求尽量能够从器物的造型中了解原创物的材质感觉。

博古图中间的鼎炉，三足轻巧，兽腿剑脚，炉体鼓腹饱满，几点团寿，数圈装饰，束腰自然。特别要评点的是炉中香烟，起于整个炉口，凝聚束成流线，散于空中，成为吉祥如意云，瑞祥之气顿生。

局部

◎**门窗板 浮雕 三公雄图**

清中期 浙东 62×29cm

鸡、吉同音，寓吉祥，又与杞同音，杞菊延年，祈求长寿。三只雄鸡，有昂首独立，有低头啄食，有抬头相望，姿态各有不同，雄壮之美跃于眼帘。

鸡的尾毛上扬下垂，翅羽的硬直，肚绒的丝软，颈毛的顺柔，表现得淋漓尽致。鸡的形态，构图准确，使鸡的姿势惟妙惟肖。菊花花瓣的叠压，繁而不散，聚而不压，展示了工匠精深的刀法技艺。

局部

◎**门窗板 浮雕 耄耋富贵图**

清中期 浙东 62x29cm

猫、蝶、牡丹象征富贵，故名耄耋富贵图。猫毛是细细软软的，工匠巧妙地利用木纹替代了细毛，故不见皮表上刻划。同时，从猫儿的肌骨上下功夫，使形体的构建灵动而富有神韵。

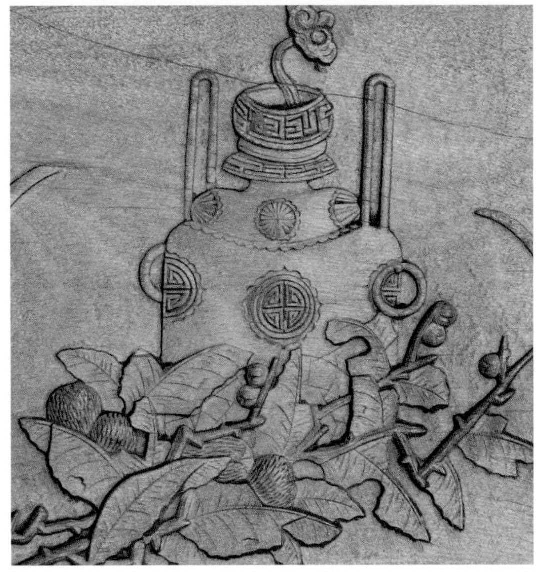

局部

◎ **窗腰板 剔地浮雕 博古图**

清中期 浙东 32×19cm

底板清晰细腻，静物线条圆润，宝鼎透视准确，宝瓶内一缕祥云，云雾徐徐而上，渐聚而散，有运动之感，充满祥和气氛。雕板板面清净，质地细腻，浮起阳雕刀脚利落，显示了匠师优秀的技艺。

局部

◎**窗腰板 浮雕 博古图**

清中期 浙东 27×18cm

博古的视角取景不只是以平面为主，古鼎宝瓶的透视已经成熟。在强调主视面的情况下，尽力表现器物的立体效果。四时馨香的瓜果也成了具有乡土气息的静物题材，使画面产生朴实的泥土清香。

在雕法上依然强调纯熟的刀法和精练明快的线条，但器物透视显得过于平淡，立体效果不足。

◎**窗腰板 透雕 博古图**

清中期 浙东 43x24cm

瑞祥的神兽，或对空望月，或回首观天，神情可爱，雕法清逸雅美。松枝、竹枝、梅枝缠绕成松竹梅岁寒三友的茶壶，雕刻工艺精湛的台屏，悠然有趣的神『钱』转动着铜钱，高贵雅致的琴棋书画等各种奇珍异宝集于一板之中，表达了人们对财富的崇敬和祈求。双鱼、荷花表达了美好的爱情。

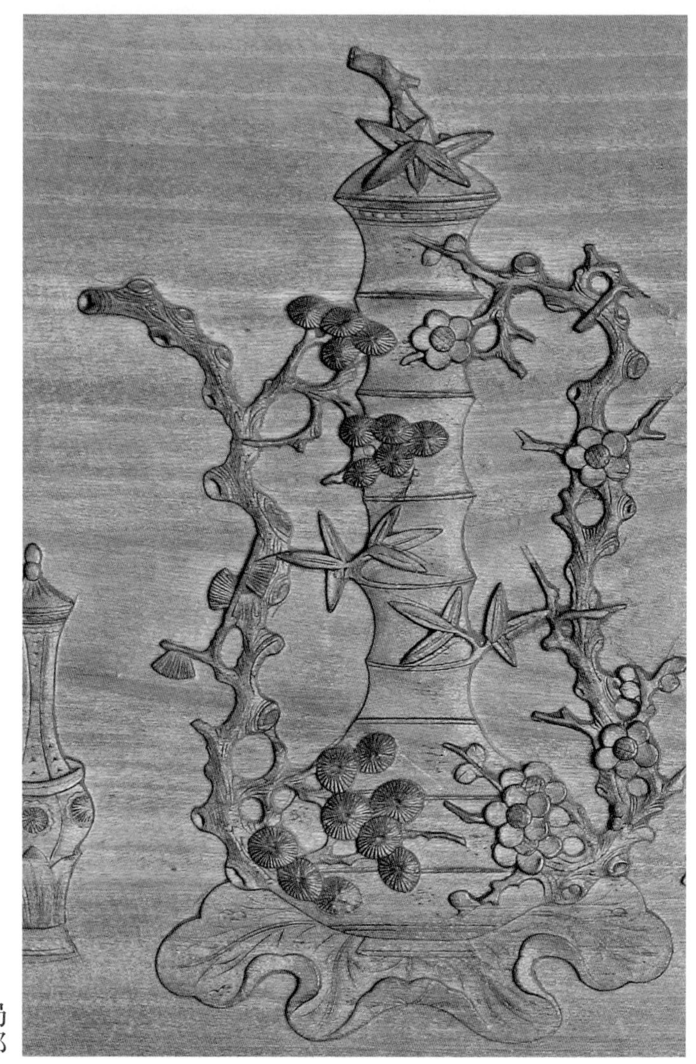

局部

局部

◎窗腰板 透雕 博古图

局部

局部

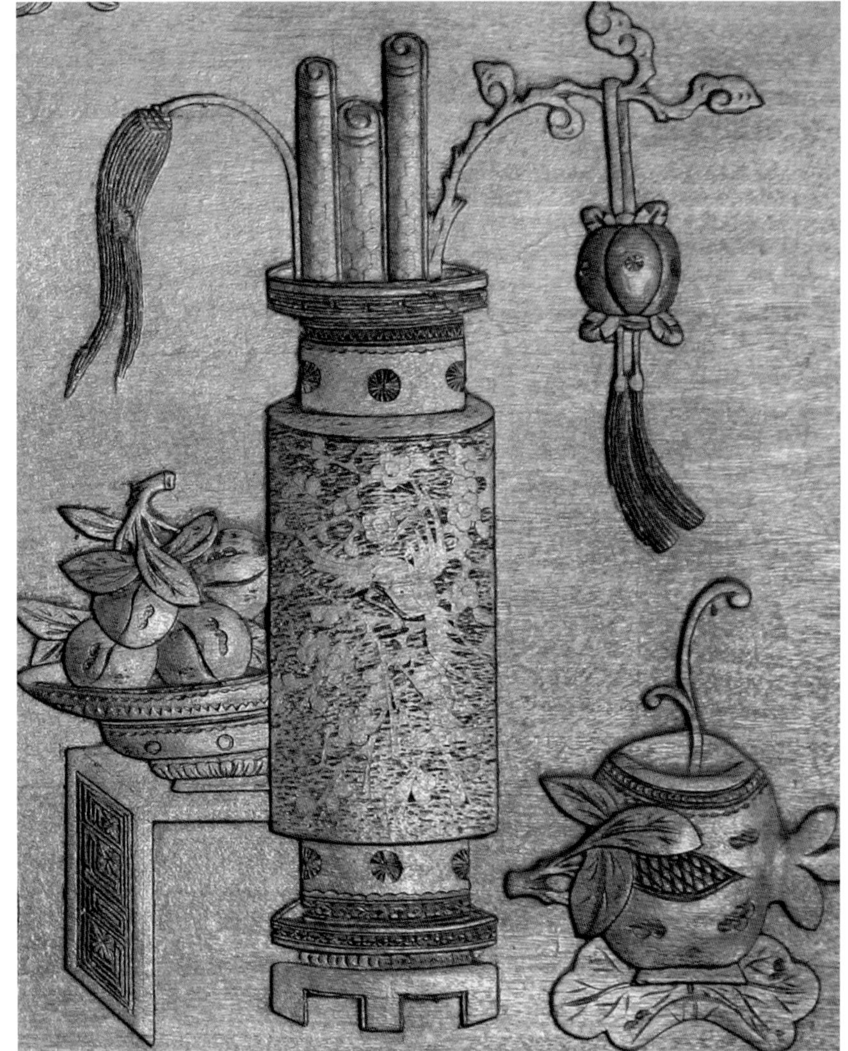

局部

◎ 窗腰板 透雕 博古图

局部

◎ **窗腰板 浮雕 风景图**

清中期 浙东 32x15cm

文人士大夫有一个共同的梦想，一个岛上有亭台楼阁，有鲜花绿草，有佳人美酒，有书香琴韵，在这样的世外桃源里，过神仙般的生活。画在纸上，刻在板上。

从亭台楼阁的布局上看，建筑透视和比例是基本准确的，但小岛上的山石、树木十分夸张。

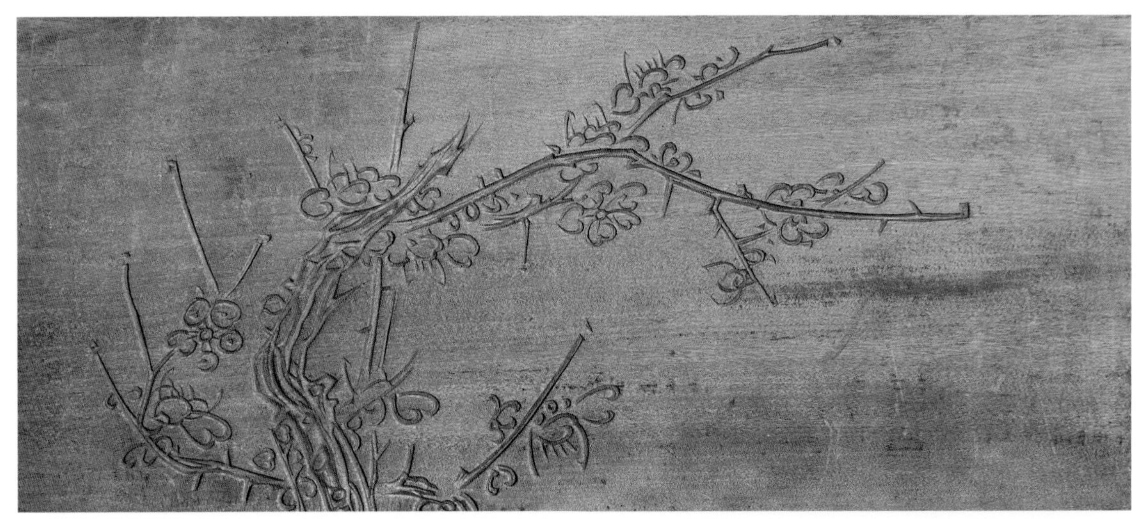

◎ **窗腰板 阴刻 梅花图**

清中期 浙东 36x18cm

传统艺术习惯上把文人士大夫的作品和民间工艺以雅俗分类，同时对工匠作品多少有些偏见。当工匠以刀代笔创作的指墨画般的阴刻梅花展现在面前时，人们惊奇地发现文人士大夫和工匠之间是无法界定的，他们的技艺和审美意趣并没有一条明显的边界。

◎**窗腰板 浅浮雕 风景图**

清中期 浙东 38×17cm

四面环水的小岛，岛上有仙境般的亭台楼阁，长满异花、奇木、怪石，有琴、棋、书、画。文人士大夫所接受的教育和现实生活中的非理性的社会有一定的差距，他们逃避现实，但又无法不接受现实。雕板上的意境依然是他们的一个梦，一个绝大数人无法实现的梦想。

局部

◎**窗腰板 浮雕 山水图**

清中期 浙东 43x20cm

堤岸绿柳迎风，春水清波，一舟一渔翁，天、地、人相通。雕板非画且是画，画面无诗且有诗。板面已不见雕琢痕迹，似乎是天成之作。

朦胧天边千丈水，尽在一尺门腰中。近山点染青枝，远峰隐约云中，千里叠嶂万重山。这二品板雕把门窗木雕中山水景物巧妙地运用木纹机理，强调水墨意境，有雕品若画、远胜于画的艺术效果。

局部

◎窗臼 浮雕 龙纹九狮图
清中期 浙东 48×26cm

窗臼是支撑门窗摇杆的底轴承支，是门窗结构和功能上重要的组成部分。这对窗臼束腰下一圈拉不断纹饰，溜肩有几道线饰，主体呈球状，中间雕九狮戏球，两侧耳朵上有两条活灵活现的龙。从整体看，雕工精致繁复，但不失为细作之物。

◎**窗臼 浮雕 人物图**

清中期 浙东 46×24cm

窗臼呈宝瓶形，两耳饰虬枝新梅，上口刻连绵不断纹，肩上可见莲瓣圈饰，腹中开光人物分别是『陶公爱菊』、『米芾爱石』图。瓶足有卧蚕纹装饰，整体完美，满工施刀，可见建筑门窗装饰之华丽。

◎ **窗臼 浮雕 凤纹人物图**

清中期 浙东 18×42cm

摇杆窗转轴灵活地固定在窗臼上摇转，虽然功能是为了开窗关窗，但雕龙刻凤的窗臼却是建筑点睛般重要的装饰，美化建筑，营造生活空间的艺术氛围已成了主要追求。窗臼两耳一对夸张的凤凰，中间饰人物，整体造形饱满，构图独立。

◎**窗臼 浮雕 龙狮图**

清中期 浙东 19×41cm

窗臼两耳雕祥云龙纹，臼身呈宝瓶形，瓶口饰回线纹，溜肩下浮雕九狮图。窗臼通体施雕，是建筑前檐点睛之作。

◎倒塌的老屋

◎浙江武义山下鲍村水口

后记

收集明清建筑木雕代表作的工作，我从少年到白发依稀，确是一番努力，也是一番艰辛，但更是机遇，手头上聚集的实物，田野调查中知道的故事，使我有事做。筛选整理江南地区明清时代的木雕装饰是从上世纪九十年代开始的，那时候，专门论述建筑木雕装饰的文字即便是有，也是相当简单的，古建筑史类的书，说到木雕也是差不多的一些表述。

2005年我完成《江南明清门窗格子》一书，书中收录了四百余式不同结构和图案的门窗格子，着重讨论江南明清建筑用榫卯结构的线条构建的格子图案。时隔六年，《江南明清建筑木雕》终于付梓，这套书重点分析的是江南明清建筑木雕的代表作，由于明清建筑木雕产生的地域广泛，时代不同，题材丰富，工艺复杂，仅一人之力无法详细究明，只是抛砖引玉而已。

欧洲的建筑装饰主要是石雕、木雕和绘画，是欧洲美术史的重要组成部分。中国江南地区的建筑装饰主要是木雕、砖雕和石雕，木雕尤其丰富。当明清建筑木雕的代表作公布于世时，人们会发现，东西方建筑装饰水平没有高低，只有艺术形式的差异，江南地区明清时代建筑木雕艺术是人类美术史的重要组成部分。

今天是久旱逢雨的日子，万物皆欢，但我仍忧心重重，精美但已经存世不多的江南明清木结构建筑由于瓦碎栓断，漏雨的木屋，在雨水的浸泡下会严重损毁。

也是在蒙蒙的江南烟雨中，在移建的清代木屋中，我试着罗列帮助过我和让我感动的老师和朋友的名字，尚无法列尽我想要感谢的人的名单。罢了，师长朋友们，待收到我双手奉上的书后，我们再一道分享共同的成果吧。

2011年11月5日

◎浙江诸暨斯宅民居

图书在版编目（CIP）数据

江南明清建筑木雕（全二册）/ 何晓道著. — 北京 ：中华书局，
2011.8
ISBN 978-7-101-08005-6

Ⅰ. 江… Ⅱ. 何… Ⅲ. 木雕－建筑艺术－华东
地区－明清时代 Ⅳ. TU-852

中国版本图书馆CIP数据核字(2011)第094716号

书　　名　江南明清建筑木雕（全二册）
著　　者　何晓道
责任编辑　朱振华　许旭虹
装帧设计　许丽娟
出版发行　中华书局
（北京市丰台区太平桥西里38号 100073）
http://www.zhbc.com.cn
E-mail:zhbc@zhbc.com.cn
印　　刷　北京雅昌彩色印刷有限公司
版　　次　2012年1月北京第1版
2012年1月北京第1次印刷
规　　格　开本787×1092毫米 1/16
印　　张　42.75
印　　数　1-3000
国际书号　ISBN 978-7-101-08005-6
定　　价　560.00元